国家出版基金项目
NATIONAL PUBLICATION FOUNDATION

中国大科学装置出版工程

THE PILLARS OF THE BIO-SAFETY LEVEL FOUR

NATIONAL BIO-SAFETY
LABORATORY, WUHAN(P4)

四级重器

武汉国家生物安全实验室（P4）

中国科学院武汉病毒研究所 编

浙江出版联合集团
浙江教育出版社·杭州

本书编委会

顾　　问：袁志明　胡志红　陈新文　王延铁
主　　编：刘　欢　童　骁　陈逗逗　钱雨婷
　　　　　陈晓晖　谢薇薇

总　序

　　新一轮科技革命正蓬勃兴起，能否洞察科技发展的未来趋势，能否把握科技创新带来的发展机遇，将直接影响国家的兴衰。21世纪，中国面对重大发展机遇，正处在实施创新驱动发展战略、建设创新型国家、全面建成小康社会的关键时期和攻坚阶段。

　　科技创新、科学普及是实现国家创新发展的两翼，科学普及关乎大众的科技文化素养和经济社会发展，科学普及对创新驱动发展战略具有重大实践意义。当代科学普及更加重视公众的体验性参与。"公众"包括各方面社会群体，除科研机构和部门外，政府和企业中的决策及管理者、媒体工作者、各类创业者、科技成果用户等都在其中，任何一个群体的科学素质的落后，都将成为创新驱动发展的"短板"。补齐"短板"，对于提升人力资源质量，推动"大众创业、万众创新"，助力创新型国家建设和全面建成小康社会，具有重要的战略意义。

　　科技工作者是科学技术知识的主要创造者，肩负着科学普及的使命与责任。作为国家战略科技力量，中国科学院始终把科学普及当作自己的重要使命，将其置于与科技创新同等重要的位置，并作为"率先行动"计划的重要举措。中国科学院拥有丰富的高端科技资源，包括以院士为代表的高水平专家队伍，以大科学工程为代表的高水平科研设施和成果，以国家科研科普基地为代表的高水平科普基地等。依托这些资源，中国科学院组织实施"高端科研资源科普化"计划，通过将科研资源转化为科普设施、科普产品、科普人才，普惠亿万公众。同时，中国科学院启动了"科学与中国"科学教育计划，力图将"高端科研资源科普化"的成果有效地服务于面向公众的科学教育，更有效地促进科教融合。

科学普及既要求传播科学知识、科学方法和科学精神，提高全民科学素养，又要求营造科学文化，让科技创新引领社会持续健康发展。基于此，中国科学院联合浙江教育出版社启动了中国科学院"科学文化工程"——以中国科学院研究成果与专家团队为依托，以全面提升中国公民科学文化素养、服务科教兴国战略为目标的大型科学文化传播工程。按照受众不同，该工程分为"青少年科学教育"与"公民科学素养"两大系列，分别面向青少年群体和广大社会公众。

"青少年科学教育"系列，旨在以前沿科学研究成果为基础，打造代表国家水平、服务我国青少年科学教育的系列出版物，激发青少年学习科学的兴趣，帮助青少年了解基本的科研方法，引导青少年形成理性的科学思维。

　　"公民科学素养"系列，旨在帮助公民理解基本科学观点、理解科学方法、理解科学的社会意义，鼓励公民积极参与科学事务，从而不断提高公民自觉运用科学指导生产和生活的能力，进而促进效率提升与社会和谐。未来一段时间内，中国科学院"科学文化工程"各系列图书将陆续面世。希望这些图书能够获得广大读者的接纳和认可，也希望通过中国科学院广大科技工作者的通力协作，使更多钱学森、华罗庚、陈景润、蒋筑英式的"科学偶像"为公众所熟悉，使求真精神、理性思维和科学道德得以充分弘扬，使科技工作者敢于探索、勇于创新的精神薪火相传。

中国科学院院长、党组书记　白春礼

2016年7月17日

前　言

　　生物核心技术和国际化进程赋予了生物安全新特征，现代生物安全的概念包括"五防两保"：防控新突发传染病、防范生物恐怖袭击、防御生物武器攻击、防止生物技术谬用、防控生物危险因子和保护人类遗传资源、保障实验室安全。生物安全的科学内涵涉及医药卫生领域、先进制造领域、光电技术领域、信息科学领域等方方面面，需要通过系统开展生物安全相关的理论基础研究、应用基础研究和技术装备集成研究，强化核心生物技术、工程科技、新材料科技等多学科交叉融合发展。

　　生物安全形势日趋复杂且严峻，国际化进程的快速推进使得传染病传播方式和扩散途径呈多样化和快速化发展，导致病原微生物的跨物种感染和跨地域传播加剧；国家、地域、种族等之间的对抗对立日益增多，生物威胁手段简便易得，恐怖威胁防不胜防；多学科交融在促进生命科学飞速发展的同时，也导致生物技术误用和滥用门槛降低，风险加大，危害加剧；环境污染、外来物种入侵等会严重破坏生态环境和生物多样性，威胁国家安全和可持续发展。

面对生物安全态势的严峻性和复杂性，西方发达国家如美国先后启动了生物盾牌计划、生物监测计划和生物传感计划等重大研究计划。同时以高等级生物安全实验室为核心建设国家实验室，包括：国家生物防御分析和应对中心、国家生物和农业防御设施、国家新发传染病实验室和加尔维斯顿国家生物安全实验室，是美国国家生物安全支撑体系的核心组成部分。

生物安全是总体国家安全的核心内涵之一，是国家安全的重要防线。建设中国人自己的高等级生物安全实验室，能在国家安全、科技强国、国际合作等方面发挥不可替代的作用，并在新一轮生命科技革命和生物医药产业变革中，重构发展模式和增长格局，为经济社会发展提供强大支撑。

2018 年 7 月

> **目录** CONTENTS

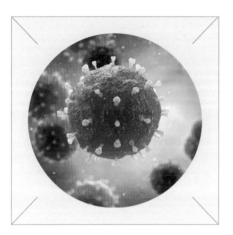

第一章

无形的
生命战线

病毒是生物安全内涵的重要核心，在生物技术不断发展的今天，人类必须认真审视自然和社会环境所带来的深刻变化，生物安全问题更需要我们认真对待。

总体国家安全观所涉及的领域，延伸到非传统安全领域，保障安全不仅仅是传统被动防御，而且要掌握主动防御能力，这其中，科学技术是原动力。

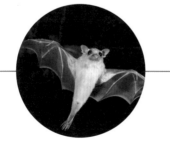

人类在地球上最大的威胁来自病毒。

① 病毒来了

现代科技推动人类进化，跨越了改变自身以适应环境和改变环境来适应自身的两大历史阶段，进入到既能改变环境又能改变自身的历史新时期。由此带来的全新挑战——生物安全威胁，成为新型威胁的重要代表，是国家安全必须面对和解决的长期与重大的挑战。

图1-1　新型国家安全威胁的潜在威胁仅显露了冰山一角

生物安全是国家安全的重要组成部分，是指国家有效应对生物及生物技术的影响和威胁，维护和保障国土安全与利益的状态和能力。生物安全通常涉及防御生物武器攻击、防范生物恐怖袭击、防控传染病疫情、防止生物技术滥用和误用、保护生物遗传资源与生物多样性以及保障实验室生物安全等领域。

生物武器具有使用简单、杀伤力强、危害持续时间长、防护难度大、隐蔽性强等特点，对国家安全造成了严重的威胁。早在公元前1200年，人类就开始使用生物武器。进入21世纪，由于生物制剂研制技术的发展以及对抗形式的变化，发达国家投入巨资打造生物防御盾牌，大规模运用现代生物技术，加强侦检、监测和预警能力，发展对抗性疫苗。

20世纪中后期以来，恐怖袭击事件已经逐渐成为世界安全的重大威胁。2001年发生的炭疽邮件生物恐怖袭击事件，标志着生物恐怖袭击已经成为人类社会安全的现实威胁。生物恐怖袭击手段趋于高端化，杀伤后果严重化，恐怖分子可能会利用可乘之机制造生物恐怖袭击事件危害社会，安全防范的难度不断加大。

图1-2 野生动物是病毒的天然携带者

生物安全威胁的另一表现是新发突发传染病疫情、动物疫病近年来极速增加。高发传染病中，60%来自野生动物病毒跨种传播。自2003年发生SARS（严重急性呼吸综合征，俗称非典型肺炎）疫情十余年来，国内外又陆续集中爆发了几次以跨种传播为特点的疫情，包括高致病性流感、中东呼吸综合征（MERS）、西尼罗热等，以及在西非肆虐的埃博拉疫情。

基因组学、合成生物技术、智能传感等技术的滥用是生物安全的新型威胁。这类技术可创造新的生命信息资源、新的微观空

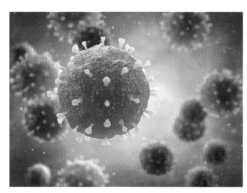

图1-3　非典型肺炎的元凶——SARS冠状病毒

间和新的生物操控技术，涉及基因密码、功能调控钥匙等最核心的资源。生物技术滥用的威胁加剧，是关系人类生存的潜在生物安全问题。

② 国家安全的新挑战

生物核心技术和国际化进程赋予了生物安全新特征，给国家总体安全带来了新挑战，对构建我国生物技术防御体系和制度体系建设提出了新需求。这要求我们必须既重视传统安全，又重视非传统安全，深刻认识构建生物安全防范体系这一重大国家战略需求。

图1-4　国家总体安全的"生命线"

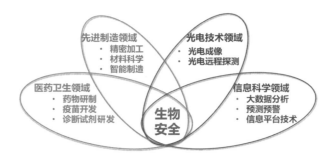

图 1-5　生物安全呈现多学科交叉的新特征

　　生物安全已成为国家安全的重要底线，是国家安全的生命绿洲。应充分认识生物安全问题的复杂性、多变性、灾难性等鲜明的非传统安全特征，加强识别生物安全风险、预测生物安全危机、防范生物安全事件和应对生物安全威胁的能力建设和科技发展，构筑生物安全稳固防线，为国民提供安全保护。

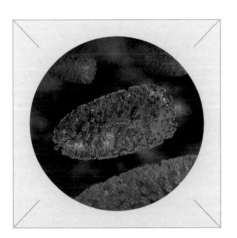

第二章

没有硝烟
的战争

自远古以来，病毒就在威胁人类的健康，从古已有之的天花病毒、狂犬病病毒到近年来才发现的艾滋病病毒、埃博拉病毒等，都给人类带来了巨大的伤亡。人类对病毒的认识与抗争，是一场没有硝烟却旷日持久、异常激烈的战争。

人类的历史就是疾病的历史。

① 火的女儿——天花

天花病毒是一种痘病毒，外形如边长为400纳米的长方体，是所有已知致病病毒中最大的病毒。天花病毒非常复杂，它的DNA（脱氧核糖核酸）携带约200个基因，并分为三个变种，分别是大天花病毒、中天花病毒和小天花病毒，最常见的是大天花病毒。感染大天花病毒的病人约有四分之一会死亡，烈性天花和出血型天花往往会致命。

天花病毒能穿透胎盘，但仅有极少数的人患有先天性天花。通过呼吸道吸入是天花的主要传播途径，而长期面对面的近距离接触（1.8米范围之内）是天花人际传播的主因。病人咳嗽、打喷嚏的飞沫形成气溶胶并经空气传播是天花主要的传播方式。此外，天花病毒还会通过被污染的尘埃、衣物、食品、用具等以及破裂后的皮疹渗出液进行传播。

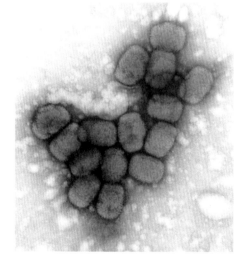

图2-1　天花病毒

感染天花病毒后的潜伏期为7—17天，一般平均为12天。初期症状包括：高烧、疲累、头疼及背痛。2—3天后，病人的脸部、手臂和腿部会出现典型的天花红疹。在发疹初期，伴随疹子还会出现淡红色的块状。几天后，病灶开始化脓，第二个星期后开始结痂。之后的3—4周渐渐变成疥癣，随后慢慢剥落。天花致人死亡的原因一般是不可控制的毒血症或大出血。

天花最原始的称呼来源于古希腊人对天花患者外表的想象，意思为"火的女儿"。中国人因为患者病愈后脸上会留下印记——麻点，将此病称为"天花"。科学家推算天花也许来源于6.8万—1.6万年前啮齿动物病毒的演化；也可能是在三四千年前，从沙鼠痘病毒中分离而来的，正好与首名天花患者的生活时期吻合。拉美西斯五世是目前发现的最早的天花病人，距今3000多年。曾于164—180年横扫整个罗马帝国的"安东尼瘟疫"（Plague of Antoninus or Galen）的一个凶手就是天花。天花病毒在公元前164年从罗马扩散至欧洲和波斯地区，当时罗马的120万朝圣者最后存活不到10%。我国史料记载，天花于东汉光武帝在位时期由境外传入，时称"虏疮"，在唐宋时变得越来越多，元明时更为猖獗。

天花于18世纪在欧洲大肆扩散，导致该地区超过1.5亿人死亡。有学者认为，随后的欧洲殖民行动导致天花扩散至世界各地。西班牙在15世纪攻打阿兹特克（今属墨西哥城），一名被俘西班牙士兵感染天花，并在很短的时间内在阿兹特克人中扩散开来，10年内阿兹特克的人口骤降74%。英国1763年入侵加拿大，将天花患者使用过的毯子和手帕赠送给印第安头领，随即大量印第安人患病死亡。

历史上有不少国家的君王及著名人物感染过天花，如音乐家莫扎特、沙皇彼得三世、英国女王伊丽莎白一世、法国国王路易十五以及美国总统乔治·华盛顿、安德鲁·杰克逊、亚伯拉罕·林肯都患过天花，清朝康熙皇帝也感染过该病毒。

古代中国人曾用种痘法防治天花。古人发现，患上天花而又逃过劫难的人能够终生对天花免疫，而且寿命往往较长，因此又将天花称为"百岁疮"。一些医学家按照"以毒攻毒"的原理，发明了人痘接种法。在防治天花这种致命疾病方面，中国人踏出了第一步，是世界免疫学的先驱。唐代孙思邈的《千金要方》、清代医学家朱纯嘏的《痘疹定论》都记载了种痘术。归纳而言，由中国医学家所发明的种痘法可分为痘衣法、痘浆法、旱苗法、水苗法等，如旱苗法是将痘痂阴干研磨成细末，通过银管将其吹入被接种儿童的鼻孔里。

英国乡村医生爱德华·琴纳因为在防治天花方面的卓越贡献，被波拿巴·拿破仑评价为"人类的救星"。面对肆虐的疾病，琴纳对天花进行了深入研究，意外发现挤奶女工很少感染天花病，推断牛痘属于天花的一种，而从事挤奶和牧牛的姑娘们在与牛接触时，因遭受牛痘感染而具备抵抗天花的免疫功能。他想，是否可以采用人工接种牛痘的方法来预防天花？于是，琴纳由动物身上开始实验，获得成功后他又开展人类种牛痘实验，再获成功。他将研究报告公开发表，正式宣布天花是可被人类征服的疾病。琴纳的报告遭到部分医生、英国皇家学会和教会的反对，有人造谣说，若进行牛痘接种，人体身上会出现牛的特征，头上会长出犄角，声音也将变得如同牛一样。琴纳并

图2-2　琴纳医生

图2-3　琴纳接种牛痘

未丧失信心和退缩，积极地进行牛痘义务接种，渐渐地获得越来越多的人的理解和接受。

在牛痘接种开始后，伦敦因天花而死亡的人数下降了92%。英国在1840年和1871年分别颁布法令，要求人们接种牛痘。1807年，德国的巴伐利亚州推行义务种痘制。1804—1814年，俄国有200万人进行了牛痘接种。1808—1811年，法国共有170万人接受种痘。1865至1885年间，意大利进行牛痘接种的人口比例高达98.5%。

1805年，牛痘疫苗运至广州，广东人邱熺在自己身体上成功进行接种。之后，他开始了专门为他人接种牛痘的生涯，并撰写了《引痘略》一书。

20世纪50年代，我国曾开展消灭天花运动，并且强制施行天花疫苗的接种。到20世纪60年代，我国成功消灭了天花。1959年，世界卫生组织（WHO）提出"三到五年内扑灭天花计划"，随之消灭天花的全球运动正式开展起来。1967年，天花根除工作正式启动。1980年5月8日，世界卫生组织在肯尼亚首都内罗毕举行的第33届大会上宣布：天花在地球上已被根除，建议全世界停止进行天花疫苗接种。天花成为首个被人类征服的瘟疫。

❷ 疯狂的"幽灵子弹"——狂犬病病毒

狂犬病病毒属于弹状病毒科（Rhabdoviridae）的狂犬病病毒属（Lyssavirus），弹状病毒科因病毒形状与子弹非常相似而得名。病毒外形呈子弹状，一端纯圆，一端平凹，有囊膜，内含衣壳呈螺旋对称。该病毒内含有单链RNA（核糖核酸），核衣壳呈螺旋对称，表面具有包膜。

狂犬病病毒能在狼、狐狸、鼬鼠、蝙蝠等野生动物及狗、猫、牛等家养动物与人之间形成传播。人被患病或携带狂犬病病

图2-4　狂犬病病毒

毒的动物咬伤后可能会感染该病毒，人和人之间的一般接触不会传播该病毒。据美国疾病控制与预防中心（CDC）统计，大部分的狂犬病由蝙蝠咬伤所导致；犬类只是该病毒的温和宿主，被感染比例并不高，人类也并非该病毒的易感宿主。人被带病狂犬咬伤，约有15%到20%的几率感染该病毒。

　　狂犬病病毒通过伤口或黏膜进入人体，潜伏期一般为数周，平均为一至两个月。然后进入侵入期，病毒会进入神经系统，并最终一路上行进入大脑。一旦病毒开始入侵神经系统，便会在神经元之间以远远超过人体免疫系统反应时间的速度进行高速运输。之后进入扩散期，病毒扩散并侵入各器官组织。因为神经受损，所以患者会出现相应的功能异常症状，如害怕喝水甚至害怕听见水声。此外，还会出现吞咽及呼吸困难、怕光怕风、唾液分泌增多及高热、瘫痪等神经系统症状。当病毒侵入到心脏神经节后，患者的心血管系统功能会出现紊乱，最后常因呼吸循环衰竭而死亡。

图2-5　犬咬伤人

狂犬病对人类造成危害古已有之，各民族的历史文献中都有大量记载。两河流域的咒语中就详细描述了人被疯狗咬伤导致死亡的事件。公元前500年，欧洲有了对狂犬病的记载。公元100年，罗马学者认识到了恐水病与动物狂犬病的关系。1819年，加拿大总督查尔斯·伦诺克斯因为被狐狸咬伤手指，感染狂犬病死亡，这是有记载的唯一一位死于狂犬病的国家元首。在中国历史上，狂犬病是古人最早认识的人畜共患病，古代称恐水病、疯狗病，春秋《左传》、西汉《淮南子·氾论训》中均有记载。《肘后备急方》中介绍"乃杀所咬之犬，取脑敷之，后不复发"，这是我国最早提出的"以毒攻毒"的免疫防疫方法。唐代《千金要方》、清代《医宗金鉴》中也提出，被疯狗咬伤后应立刻处理伤口排毒，以防病毒侵入体内。现代以来，全球约有100多个国家和地区遭到狂犬病的侵袭，每年约有5.5万人因感染狂犬病而死亡，大约90%的狂犬病流行于亚非地区。中国的狂犬病发病数居世界第二位，自2003年以来，每年发病者超过2000名，仅次于印度。据世界卫生组织统计，狂犬病流行的国家和地区中，共有25亿人受到影响。另外，还有更多的家畜因感染狂犬病而死亡，对人类的生产和生活产生了严重危害。

杰出的微生物学家巴斯德发明的减毒狂犬病疫苗，是人类应对狂犬病的有力武器。19世纪，每年有数以百计的法国人因狂犬病而死亡。巴斯德在1881年组成一个3人小组，开展狂犬病疫苗的研制工作，最终在患狂犬病的动物的脑和脊髓中发现了一种病原体，其具有很强的毒性，由此

图2-6　巴斯德

推断出狂犬病病毒集中于神经系统。通过科学实践，巴斯德发现有侵染性的物质中的毒性在经过反复传代和干燥后会减少。巴斯德将通过分离得到的病毒连续接种至家兔的脑中，并使其传代，再从死于狂犬病的兔子身上取出一小段脊髓，将其悬挂在无菌烧瓶中干燥，研究其是否具有致命性。结果发现，未经干燥的脊髓致命性极高，而经过干燥的脊髓的致命性则相对较低。若研磨未经干燥的脊髓，并将其与蒸馏水混合，再注入健康的狗身上，狗必定会死亡；而把经过干燥后的脊髓与蒸馏水混合，再注入狗体内，它们最后都存活下来。之后，再给这些狗注入狂犬病病毒，它们也不会被感染。于是，巴斯德开始研制狂犬病疫苗。他取出多次传代的狂犬病病毒和兔脊髓，并悬挂在干燥的、消过毒的小屋里，使之自然干燥两周减毒，随后把脊髓研成乳化剂并用生理盐水稀释，最终成功研制出原始的狂犬病疫苗。

尽管狂犬病疫苗已被成功研发出来，但并没有立即得到应用。几年后，一名被狂犬咬伤的男孩被送到巴斯德那里，巴斯德立即对其接种狂犬病疫苗，最终男孩未患狂犬病。这是人类历史上首例通过接种狂犬病疫苗来成功预防狂犬病的患者。这象征着人类步入免疫时代。之后不久，巴斯德又给第二名被狂犬咬伤的患者注射了狂犬病疫苗，并获得了成功。消息传开之后，世界各地有很多人前来接受狂犬病疫苗注射。狂犬病疫苗获得了巨大成功，震撼了欧洲大陆，轰动全球。巴斯德在狂犬病疫苗研究方面的努力和贡献，赢得了广大民众的尊重。1888 年，法国政府为表彰巴斯德的杰出贡献成立了巴斯德研究所，巴斯德任首任所长。

③　特洛伊木马病毒——艾滋病病毒

艾滋病病毒（HIV），即人类免疫缺陷病毒，属于逆转录病毒，其直径约120纳米，大致呈球形。艾滋病病毒外膜是类脂包

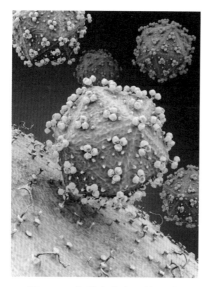

图2-7　艾滋病病毒电镜图像

膜，来自宿主细胞，蛋白形成球形基质和半锥形衣壳，衣壳在电镜下呈高电子密度。艾滋病病毒在体外生存能力极差，不耐高温，抵抗力较低，离开人体不易生存，常温下，艾滋病病毒在体外的血液中只可存活数小时。艾滋病病毒对热敏感，在56℃条件下30分钟即失去活性。

艾滋病病毒存在于感染者的体液和器官组织内，感染者的血、精液、阴道分泌物、乳汁、伤口渗出液中含有大量艾滋病病毒，具有很强的传染性；泪水、唾液、汗液、尿、粪便等在不混有血液和炎症渗出液的情况下含此病毒很少。人与人之间的艾滋病传播途径主要有性传播、血液传播和母婴传播，日常生活接触并不会传染。

艾滋病病毒能够感染人类免疫系统细胞，造成人类免疫系统缺陷。艾滋病病毒主要攻击人体的辅助T淋巴细胞系统，一旦侵入机体细胞，病毒将会和细胞整合在一起，终生难以消除。艾滋病

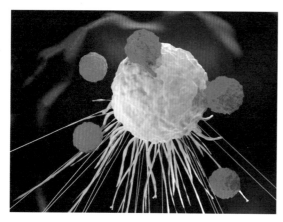

图2-8　T淋巴细胞

病毒通过破坏人体的T淋巴细胞，然后侵犯细胞，进而阻断细胞免疫和体液免疫过程，导致免疫系统瘫痪，从而致使各种疾病在人体内蔓延，最终导致艾滋病。

艾滋病来源于非洲，人们推测这种疾病最初起源于人类捕杀或食用了被艾滋病病毒感染的黑猩猩。1980

年 10 月至 1981 年 5 月间，美国洛杉矶发现 5 名男性的细胞免疫功能有所缺损，即使是一般接触都可能感染病毒，这是全球首次通报的艾滋病病毒感染案例。随后世界范围内相继发现类似病毒。1986 年 6 月，国际微生物协会及病毒分类学会将该病毒统一命名为人类免疫缺陷病

图 2-9　红丝带标志——抗击艾滋病

毒，即艾滋病病毒。1985 年，一位到我国旅游的外籍人士入住北京协和医院后很快死亡，后被证实死于艾滋病，这是我国第一次发现艾滋病病例。

　　艾滋病已成为人类社会面临的严重威胁。世界卫生组织统计，截至 2016 年底，全球约有 3670 万艾滋病病毒携带者，共已造成 3500 多万人死亡。1988 年 1 月，世界卫生组织把每年的 12 月 1 日定为世界艾滋病日，号召共同抗击艾滋病。

　　随着医疗科技的不断发展，艾滋病不再意味着死亡或绝症，其中化学药物联合用药是对抗艾滋病的强大武器。化学药物联合用药俗称"鸡尾酒疗法"，通过交替用药和联合用药来控制患者症状。还可以通过药物实现"治疗如同预防"，降低艾滋病患再传播几率。近年来，艾滋病疫苗、抗体治疗、抗体药物联用、基因疗法等方法取得新进展，为人类战胜艾滋病不断增添新武器。

④　说走就走的"旅行"——禽流感病毒

　　禽流感病毒（AIV）属于甲型流感病毒，呈多形性，其中球形病毒直径 80—120 纳米，有囊膜。禽流感病毒基因组为分节段单股

负链RNA。依据其外膜血凝素（H）和神经氨酸酶（N）蛋白抗原性的不同，可分为16个H亚型（H1—H16）和9个N亚型（N1—N9）。

禽流感为一种由禽流感病毒导致的动物传染性疾病，一般出现于禽鸟中，已发现带禽流感病毒的鸟类达88种。它主要经呼吸道传播，通过密切接触感染的禽类及其分泌物、排泄物，受病毒污染的水等，以及直接接触病毒毒株感染。在感染水禽的粪便中含有高浓度的病毒，并通过污染的水源由粪便—口途径传播该病毒。该病毒也会发生于哺乳类动物身上，如猪、马、海豹、鲸鱼等。

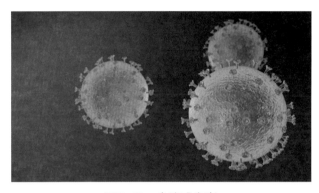

图2-10　禽流感病毒

人感染禽流感病毒后，患者发病初期表现为流感样症状，重症患者病情发展迅速，出现重症肺炎，同时合并其他多个系统或器官的损伤或衰竭，如心肌损伤导致心力衰竭等。

图2-11　1918年西班牙流感大爆发

1918年，H1N1流感肆虐全球，世界范围内有2500万到4000万人得病死亡。研究发现，造成流感全球性大流行的病毒常常来源于禽鸟。H7N9型禽流感是一种由新型的H7N9禽流感病毒引起的人类疾病。2013年，我

图2-12　扑杀家禽

图2-13　候鸟迁徙

国上海、安徽两地出现全球首例由H7N9禽流感病毒传染给人的病例。新型H7N9禽流感病毒可能来自于欧亚大陆迁徙至东亚地区的燕雀等野鸟，它们所携带的禽流感病毒和中国上海、浙江、江苏等地的鸭群和鸡群所携带禽流感病毒发生基因重配。这是全球首次出现H7N9亚型禽流感没有通过中间宿主——猪，而直接感染人类的情况。

5　非洲死神——埃博拉病毒

埃博拉病毒属于丝状病毒科，呈现出弯曲或缠绕的纤丝状。病毒长度为970纳米，有分支形、U形、6形和环形，分支形较常见。埃博拉病毒是单股负链RNA病毒，外有包膜，病毒颗粒直径大约为80纳米，纯病毒粒子由一个螺旋形核糖核壳复合体构成，含负链线性RNA分子和4个毒粒结构蛋白。埃博拉病毒分为扎伊尔型、苏丹型、雷斯顿型、塔伊森林型和本迪布焦型。其中雷斯顿型在食蟹猴身上发现，是唯一一个能够通过空气传播的埃博拉亚型病毒，

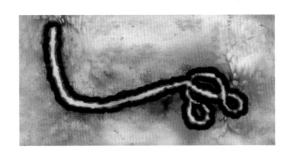

图2-14　埃博拉病毒

只限于感染非人类灵长类动物。其他4种都可以感染人类。

目前已在黑猩猩、猴子以及蝙蝠的体内发现了埃博拉病毒的踪迹，科学家推断蝙蝠为自然条件下该病毒的宿主。2012年中国科学院武汉病毒研究所在对中国地区的843只蝙蝠进行检测时，发现其中有32只具有雷斯顿病毒的踪迹，这是首次在中国境内发现埃博拉病毒感染的案例。埃博拉病毒的传播一般通过直接接触途径在动物—动物之间、动物—人之间、人—人之间传播。人类一般是通过与埃博拉病毒感染者的血液、分泌物、器官或其他体液密切接触或与被此类体液污染的环境间接接触而感染病毒。

埃博拉病毒可引起埃博拉出血热，该出血热具有急性出血性、发病快、死亡率高等特点。在病毒感染早期，患者会出现发热、肌肉疼痛、头痛、咽喉痛的症状，之后会出现呕吐、腹泻、皮疹、肾脏和肝脏功能受损，有时会出现内外出血。

1976年秋，在非洲国家扎伊尔（现刚果民主共和国）埃博拉河旁边的扬布库镇，出现了大量高烧、顽固性腹泻和出血症状的病人，这场疫情持续了三个月，蔓延至邻国苏丹和埃塞俄比亚，死亡率高达72%。世界卫生组织调查发现，一种新病毒是导致灾难的"元凶"，由于扬布库镇在埃博拉河边，人们把这种病毒称为埃博拉病毒。

埃博拉病毒的爆发难有规律可循，这可能是由于埃博拉病毒的自然宿主蝙蝠能到处飞行，而且病毒的传播不像登革热病毒那样与季节相关性很大。目前，埃博拉出血热主要以地方性流行的趋势发展，仅出现于中非热带雨林和东南非洲热带大草原，但已从苏丹、刚果民主共和国等地扩散至刚果共和国、中非共和国、利比亚以及南非。非洲以外地区也不时有输入性或实验室意外造成的感染病例。据统计，已有28000多人感染埃博拉病毒，导致11000多人死亡。

截至目前，对埃博拉出血热，还未出现特效治疗措施。治疗

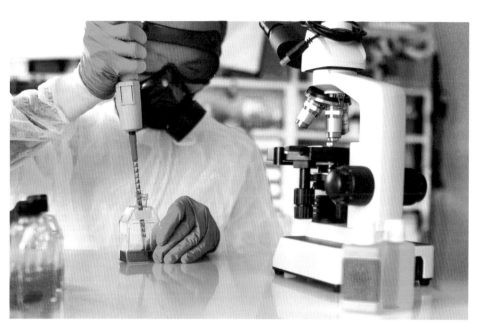

图2-15　科研人员研制抗埃博拉病毒药物

时，主要采取辅助性手段，如补充体液以维持电解质平衡、保肝抗炎、止血和输血、控制感染等。美国食品和药物管理局仅批准了三种实验性药物——Brincidofovir、ZMapp 和 TKM-Ebola。2014年，在利比亚感染埃博拉病毒而回美国治疗的医护人员，使用其中一种药物治疗痊愈。近年，埃博拉病毒疫苗在临床实验中取得效果，表明人体的免疫系统能够对该疫苗进行反应并产生抗体，可以预防埃博拉病毒二次感染，为抗击埃博拉病毒带来了希望。

第三章

生命科学的
安全舰队

"工欲善其事，必先利其器。"四级生物安全实验室是目前人类拥有的生物安全等级最高的实验室，是专门用于烈性传染病研究的大型装置，因此四级生物安全实验室被誉为"病毒学研究的航空母舰"。

四级生物安全实验室是从事危险等级最高病原微生物研究的实验室。

① 危机"四"伏

　　微生物无处不在。它们通常不为肉眼所见，却充斥在我们生活的每一个角落。微生物在许多重要的生产环节中起着不可替代的作用，例如面包、奶酪、啤酒、酱油、味精、抗生素、疫苗、维生素、酶等的生产。同时，微生物也是人类生存环境中必不可少的成员，有了它们，地球上的物质循环才得以完成，否则地球上的所有生命将无法繁衍生存下去。然而，大多数人几乎意识不到它们的存在，除非人们生病了，因为疾病往往是由微生物中具有致病性的一类——病原微生物引起的。

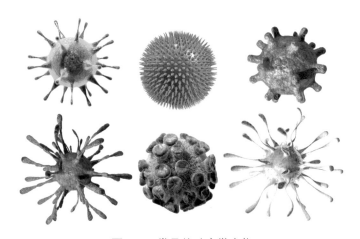

图3-1　常见的致病微生物

　　病原微生物是指可以侵犯人体，引起感染甚至传染病的微生物，也称为病原体。病原体中，以细菌和病毒的危害性最大。病原体在宿主中生长繁殖、释放毒性物质等引起机体不同程度的病理变化，这一过程称为感染。病菌不受限制地肆意生长繁殖，严重

图3-2 黑死病肆虐下的欧洲

时甚至会导致机体死亡。

历史上，病原微生物给人类带来的灾难有时甚至是毁灭性的。1347年发生的一场由鼠疫杆菌引起的瘟疫——黑死病几乎摧毁了整个欧洲，大约2500万人（相当于当时欧洲人口的三分之一）死于这场灾难。在此后的80年间，这种疾病一再肆虐，消灭了欧洲大约75%的人口，一些历史学家认为这场灾难甚至改变了欧洲文化。我国在历史上也多次爆发鼠疫，死亡率极高。

今天，一种新的瘟疫——艾滋病正在全球蔓延；乙肝病毒导致的乙型肝炎也正威胁着人类的健康和生命；许多已被征服的传染病，如肺结核、疟疾、霍乱等也有卷土重来之势。据世界卫生组织统计，全球有近三分之一的人口感染了结核菌。随着环境污染日趋严重，一些以前从未见过的新疾病和病毒（如禽流感、军团病、埃博拉病毒、霍乱O139新菌型、大肠杆菌O157以及疯牛病等）又给人类带来了新的威胁。

2003年全球爆发的SARS疫情所带来的危害和恐慌，以及2015年全球传播的中东呼吸综合征同样需要我们警惕，这都是由冠状病毒引发的呼吸道疾病。

目前，国内外关于病原微生物危害等级的划分均为四个等级。

《病原微生物实验室生物安全

图3-3 无处不在的病原微生物

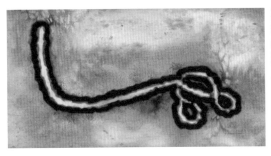
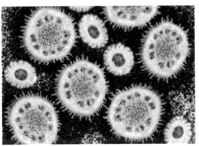

图3-4   埃博拉病毒及中东呼吸综合征冠状病毒

管理条例》（国务院令第424号）第七条规定：国家根据病原微生物的传染性、感染后对个体或者群体的危害程度，将病原微生物分为四类。

第一类病原微生物，是指能够引起人类或者动物非常严重疾病的微生物，以及我国尚未发现或者已经宣布消灭的微生物。

第二类病原微生物，是指能够引起人类或者动物严重疾病，比较容易直接或者间接在人与人、动物与人、动物与动物间传播的微生物。

第三类病原微生物，是指能够引起人类或者动物疾病，但一般情况下对人、动物或者环境不构成严重危害，传播风险有限，实验室感染后很少引起严重疾病，并且具备有效治疗和预防措施的微生物。

第四类病原微生物，是指在通常情况下不会引起人类或者动物疾病的微生物。

第一类、第二类病原微生物统称为高致病性病原微生物。

图3-5   病毒的传播途径多样

📖 知识链接

表3-1   国内外病原微生物划分准则比较

划分准则	一类	二类	三类	四类
《病原微生物实验室生物安全管理条例》规定的病原微生物分类。	能够引起人类或者动物非常严重疾病的微生物，以及我国尚未发现或者已经宣布消灭的微生物。	能够引起人类或者动物严重疾病，比较容易直接或者间接在人与人、动物与人、动物与动物间传播的微生物。	能够引起人类或者动物疾病，但一般情况下对人、动物或者环境不构成严重危害，传播风险有限，实验室感染后很少引起严重疾病，并且具备有效治疗和预防措施的微生物。	在通常情况下不会引起人类或者动物疾病的微生物。
划分准则	**危险度1级 ABSL-1**	**危险度2级 ABSL-2**	**危险度3级 ABSL-3**	**危险度4级 ABSL-4**
世界卫生组织《实验室生物安全手册》第三版规定的感染性微生物的危险度等级分类。	不太可能引起人或动物致病的微生物。（无或极低的个体和群体危险）	病原体能够对人或动物致病，但对实验室工作人员、社区、牲畜或环境不易导致严重危害。实验室暴露也许会引起严重感染，但对感染有有效的预防和治疗措施，并且疾病传播的危险有限。（个体危险中等，群体危险低）	病原体通常能引起人或动物的严重疾病，但一般不会发生感染个体向其他个体的传播，并且对感染有有效的预防和治疗措施。（个体危险高，群体危险低）	病原体通常能引起人或动物的严重疾病，并且很容易发生个体之间的直接或间接传播，对感染一般没有有效的预防和治疗措施。（个体和群体的危险均高）
划分准则	**一级 BSL-1**	**二级 BSL-2**	**三级 BSL-3**	**四级 BSL-4**
美国国立卫生研究院（NIH）和美国疾病控制与预防中心《微生物和生物医学实验室生物安全》第四版规定的生物安全等级。	不会经常引发健康成年人疾病。	人类病原菌，因皮肤伤口、吸入、黏膜暴露而发生危险。	内源性和外源性病原，可通过气溶胶传播，会导致严重后果或生命危险。	对生命有高度危险的危险性病原或外源性病原；致命，通过气溶胶而导致实验室感染；或未知传播危险的有关病原。

依据国内划分准则，病原微生物的危害程度由一级至四级逐渐下降；依据世界卫生组织及美国划分准则，病原微生物的危害程度由一级到四级逐渐上升。

表3-2　常见病毒分类名录

序号	中文名	危害程度分类	实验活动所需生物安全实验室级别				
			病毒培养	动物感染实验	未经培养的感染材料的操作	灭活材料的操作	无感染性材料的操作
1	类天花病毒	第一类	BSL-4	ABSL-4	BSL-3	BSL-2	BSL-1
2	克里米亚-刚果出血热病毒(新疆出血热病毒)	第一类	BSL-3	ABSL-3	BSL-3	BSL-2	BSL-1
3	埃博拉病毒	第一类	BSL-4	ABSL-4	BSL-3	BSL-2	BSL-1
4	拉沙热病毒	第一类	BSL-4	ABSL-4	BSL-3	BSL-2	BSL-1
5	马尔堡病毒	第一类	BSL-4	ABSL-4	BSL-3	BSL-2	BSL-1
6	天花病毒	第一类	BSL-4	ABSL-4	BSL-2	BSL-1	BSL-1
7	基孔肯尼雅病毒	第二类	BSL-3	ABSL-3	BSL-2	BSL-1	BSL-1
8	口蹄疫病毒	第二类	BSL-3	ABSL-3	BSL-2	BSL-1	BSL-1
9	高致病性禽流感病毒	第二类	BSL-3	ABSL-3	BSL-2	BSL-1	BSL-1
10	艾滋病病毒(I型和II型)	第二类	BSL-3	ABSL-3	BSL-2	BSL-1	BSL-1
11	乙型脑炎病毒	第二类	BSL-2	ABSL-2	BSL-2	BSL-1	BSL-1
12	脊髓灰质炎病毒	第二类	BSL-3	ABSL-3	BSL-2	BSL-1	BSL-1
13	狂犬病病毒(街毒)	第二类	BSL-3	ABSL-3	BSL-2	BSL-1	BSL-1
14	SARS冠状病毒	第二类	BSL-3	ABSL-3	BSL-3	BSL-2	BSL-1
15	乙型肝炎病毒	第三类	BSL-2	ABSL-2	BSL-2	BSL-1	BSL-1
16	小鼠白血病病毒	第四类	BSL-1	ABSL-1	BSL-1	BSL-1	BSL-1

表3-3 常见真菌、细菌、放线菌、衣原体、支原体、立克次体、螺旋体分类名录

序号	中文名	危害程度分类	实验活动所需生物安全实验室级别			
			大量活菌操作	动物感染实验	样本检测	非感染性材料的实验
1	炭疽芽孢杆菌	第二类	BSL-3	ABSL-3	BSL-2	BSL-1
2	布鲁氏菌属	第二类	BSL-3	ABSL-3	BSL-2	BSL-1
3	粗球孢子菌	第二类	BSL-3	ABSL-3	BSL-2	BSL-1
4	结核分枝杆菌	第二类	BSL-3	ABSL-3	BSL-2	BSL-1
5	立克次体属	第二类	BSL-3	ABSL-3	BSL-2	BSL-1
6	霍乱弧菌	第二类	BSL-2	ABSL-2	BSL-2	BSL-1
7	鼠疫耶尔森菌	第二类	BSL-3	ABSL-3	BSL-2	BSL-1
8	金黄色葡萄球菌	第三类	BSL-2	ABSL-2	BSL-2	BSL-1
9	念珠状链杆菌	第三类	BSL-2	ABSL-2	BSL-2	BSL-1
10	黄曲霉	第三类	BSL-2	ABSL-2	BSL-2	BSL-1

② "兵"来"将"挡

生物安全实验室（biosafety laboratory），也称生物安全防护实验室（biosafety containment for laboratories），是通过防护屏障和管理措施，能够避免或控制被操作的有害生物因子危害，达到生物安全要求的生物实验室和动物实验室。

生物安全实验室存在的主要生物危险因子来自以下几个方面：微生物气溶胶的吸入；刺伤、割伤；皮肤黏膜污染；食入；被感染的实验动物咬伤，以及其他不明原因的相关感染。气溶胶是指悬浮于气体介质中，粒径一般为1—100微米的固态或液态微小粒子形成的相对稳定的分散体系。病原微生物气溶胶常常在实验室操作过程中产生，造成病原扩散危险。

图3-6 科研人员在生物安全实验室中做实验

生物安全实验室操作中，需遵循微生物学操作技术规范（GMT），为操作者提供最基本的安全保障，包括手套、口罩、工作服等防护性措施的佩戴和使用；操作后洗手和消毒；可能产生飞溅或气雾的操作都应在生物安全操作台里进行；机械移液装置的使用；具有潜在污染性物质的去污染、高压消毒处理；废弃物、培养基的专门回收及灭菌处理等。

《实验室 生物安全通用要求》（GB19489-2008）第四条关于实验室生物安全防护水平分级的规定：根据对所操作生物因子采取的防护措施，将实验室生物安全防护水平分为一级、二级、三级和四级，一级防护水平最低，四级防护水平最高。

图3-7 《实验室 生物安全通用要求》

（1）生物安全防护水平为一级的实验室适用于操作在通常情况下不会引起人类或者动物疾病的微生物，即危险等级1级的微生物（四类病原）。

（2）生物安全防护水平为二级的实验室适用于操作能够引起人类或者动物疾病，但一般情况下对人、动物或者环境不构成严重危害，传播风险有限，实验室感染后很少引起严重疾病，并且具备有效治疗和预防措施的微生物，即危险等级2级的微生物（三类病原）。

（3）生物安全防护水平为三级的实验室适用于操作能够引起人类或者动物严重疾病，比较容易直接或者间接在人与人、动物与人、动物与动物间传播的微生物，即危险等级3级的微生物（二类病原）。

（4）生物安全防护水平为四级的实验室适用于操作能够引起人类或者动物非常严重疾病的微生物，以及我国尚未发现或者已经宣布消灭的微生物，即危险等级4级的微生物（一类病原）。

高致病性病原微生物是我国卫生部（现国家卫生健康委员会）于2006年颁布的《人间传染的病原微生物名录》中对危害程

度为第一类和第二类的微生物的统称，此类微生物（如埃博拉病毒、尼帕病毒、蜱传脑炎、SARS病毒等）是指能够引起人类或者动物非常严重疾病的微生物，对人体、动植物或环境具有高度危险性，通过气溶胶或不明途径传播，通常无预防和治疗的方法。其病原诊断、疫苗研制、药物筛选以及生物防范等相关研究，必须在最高防护等级的四级生物安全实验室中进行。

《中华人民共和国传染病防治法实施办法》规定，凡从事致病性微生物实验的科研、教学和生产单位，作为各类传染病菌（毒）研究操作的基本单元，实验室必须有防止致病性微生物扩散的制度和人体防护措施。不同危害等级的微生物必须在对应防护级别的物理屏障环境下操作，一方面防止实验人员和其他物品受到污染，同时也防止其释放到环境中。物理性防护是由隔离的设备、实验室设计及实验设施三方面所组成，根据对个人、环境和社会提供的保护程度分为不同的等级。

表3-4 与微生物危险度等级相对应的生物安全水平、操作和设备

危险度等级	生物安全水平	实验室类型	实验室操作	安全设施
1级	基础实验室——一级生物安全水平	基础的教学、研究	GMT	不需要；开放实验台
2级	基础实验室——二级生物安全水平	初级卫生服务；诊断、研究	GMT加防护服、生物危害标志	开放实验台，此外需BSC用于防护可能生成的气溶胶
3级	防护实验室——三级生物安全水平	专门、特殊的诊断、研究	在二级生物安全防护水平上增加特殊防护、准入进入制度、定向气流	BSC以及其他所有实验室工作所需要的基本设备
4级	最高防护实验室——四级生物安全水平	危险病原体研究	在三级生物安全防护水平上增加气锁入口、出口淋浴、污染物品的特殊处理	III级BSC或II级BSC并穿着正压服、双开门高压灭菌器（穿过墙壁墙体）、经过过滤的空气

★BSC：生物安全柜；GMT：微生物学操作技术规范。

表3-5 不同生物安全水平对设施的要求

	生物安全水平			
	一级	二级	三级	四级
实验室隔离	不需要	不需要	需要	需要
房间能够密闭消毒	不需要	不需要	需要	需要
通风				
—向内的气流	不需要	最好有	需要	需要
—通过建筑系统的通风设备	不需要	最好有	需要	需要
—高效过滤器过滤排风	不需要	不需要	需要/不需要	需要
双门入口	不需要	不需要	需要	需要
气锁	不需要	不需要	需要	需要
带淋浴设施的气锁	不需要	不需要	需要	需要
通过间	不需要	不需要	需要	–
带淋浴设施的通过间	不需要	不需要	需要/不需要	不需要
污水处理	不需要	不需要	需要/不需要	需要
高压灭菌器				
—现场	不需要	最好有	需要	需要
—实验室内	不需要	不需要	最好有	需要
—双开门	不需要	不需要	最好有	需要
生物安全柜	不需要	最好有	需要	需要
人员安全监控条件	不需要	不需要	最好有	需要

（1）基础实验室——一级生物安全水平

该级别实验室用于对所有特性已知并已清楚证明不会导致疾病的各种微生物进行实验研究。研究可在开放的实验台面上进行，不需要特殊的安全保护措施。操作人员只需经过基本的实验室实验程序培训并且通常由科研人员指导，也不需要使用生物安全柜。

代表病原体：麻疹病毒，腮腺炎病毒

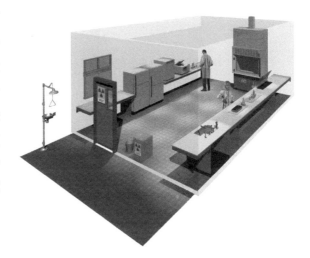

图3-8   一级生物安全实验室

（2）基础实验室——二级生物安全水平

该级别实验室用于对已知为中等程度危险性，并与人类某些常见疾病相关的微生物进行实验研究。操作者必须经过相关研究的操作培训并且由专业科研人员指导。需要对易被污染的物质或者可能产生污染的情况进行预先的处理准备。一些可能涉及或者产生有害生物物质的操作过程都应该在二级生物安全柜内进行。

代表病原体：流感病毒

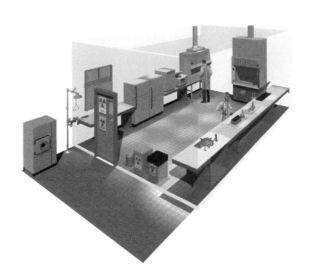

图3-9   二级生物安全实验室

（3）防护实验室——三级生物安全水平

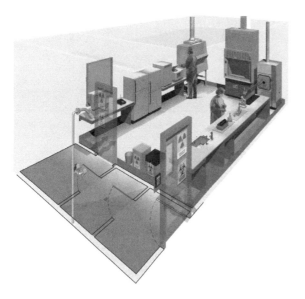

该级别实验室适用于主要通过呼吸途径使人传染上严重的甚至是致死疾病的致病微生物或其毒素的研究。实验室工作人员必须接受有关致病性和潜在的致命或致病性病原体的具体培训。所有涉及感染性材料的操作过程必须在专门设计的具有定向气流的生物安全柜（Ⅱ级以上）内进行，由备有其他物理防护装置、穿着适当的个人防护衣物和设备的人员进行操作。

代表病原体：狂犬病病毒，基孔肯尼雅病毒

图3-10   三级生物安全实验室

（4）最高防护实验室——四级生物安全水平

该级别实验室适用于对人体具有高度的危险性，通过气溶胶途径传播或传播途径不明、尚无有效疫苗或治疗方法的致病微生物或其毒素的研究，如埃博拉病毒、马尔堡病毒、拉萨热、克里米亚-刚果出血热、天花，以及其他各种出血性疾病。当处理这类生物危害病原体时，实验人员需强制性地穿戴独立供氧的正压防护衣。在满足三级生物安全实验室所有设施条件基础上，四级生物实验室的出入口将配置多个淋浴消毒设备。同时，所有出入口都为气密式，并且经程序设定互锁，以防止同时有两扇门打开。所有的废气及废水的排放，均须使用高压灭菌器按照严格程序进行消毒，以减少意外释放的可能性。

代表病原体：埃博拉病毒，克里米亚-刚果出血热病毒

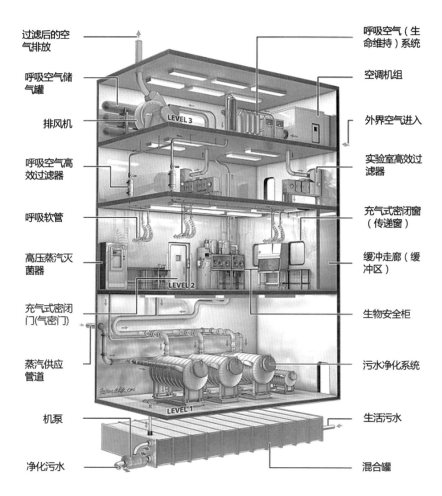

过滤后的空气排放

呼吸空气储气罐

排风机

呼吸空气高效过滤器

呼吸软管

高压蒸汽灭菌器

充气式密闭门(气密门)

蒸汽供应管道

机泵

净化污水

呼吸空气（生命维持）系统

空调机组

外界空气进入

实验室高效过滤器

充气式密闭窗（传递窗）

缓冲走廊（缓冲区）

生物安全柜

污水净化系统

生活污水

混合罐

图3-11　四级生物安全实验室剖面图

3　"明星舰队"

目前，世界上已经建成及正在建设四级生物安全实验室（简称P4）的机构共有59个，遍布世界五大洲，其中非洲大陆有两个，分别位于南非和加蓬。美国是世界上拥有四级生物安全实验室最多、总面积最大的国家。我国有3个，包括国家动物疫病防控高级别实验室、国家昆明高等级生物安全灵长类动物实验中心和中国科学院武汉国家高等级生物安全实验室。此外，我国仍在筹备建设数个四级生物安全实验室。

拥有四级生物安全实验室的国家和机构举例。

(1) 法国

法国的梅里埃四级生物安全实验室（简称"法国里昂P4实验室"）被誉为世界上最先进的生物安全实验室。梅里埃四级生物安全实验室位于法国第二大经济城市里昂，这里是法国重要的医药工业研究和生产基地。该实验室由法国梅里埃基金会投资，1996年4月提出建设设想，1999年3月竣工。实验室取名梅里埃，是为了纪念疫苗专家、因飞机事故不幸英年早逝的让·梅里埃先生。

(2) 德国

罗伯特·科赫研究所是德国维护公共卫生的重要机构之一。作为生物医药领域政府主导的机构，它在预防和打击传染病以及德国卫生系统长期公共卫生趋势分析中起着重要作用。研究和预防感染是罗伯特·科赫研究所的一个重要的工作领域。

汉堡热带医学研究所创建于1900年，从汉堡热带研究所发展而来。以创建者伯哈德·诺切特（Bernhard Nocht）提出的"培训、研究和治疗热带疾病"为座右铭，至今这三方面仍是它的首要任务。它的研究领域仍然保持交叉学科间的基础研究、临床和诊断研究的传统特色。

表3-6 欧洲四级生物安全实验室网络

法国	梅里埃四级生物安全实验室,里昂
德国	罗伯特·科赫研究所,柏林
德国	汉堡热带医学研究所,汉堡
英国	健康保护机构感染中心,伦敦
英国	应急准备与响应中心,伦敦
瑞典	瑞典传染病控制研究所,斯德哥尔摩
意大利	国家传染病研究所,罗马
匈牙利	布达佩斯国家流行病学中心,布达佩斯

(3) 美国

美国现有6个科研机构拥有标准的四级生物安全实验室，实验室总数超过20个。此外，美国还在建和计划建设多个四级生物安全实验室。

美国陆军传染病医学研究所（USAMRIID）位于马里兰州中部的迪特里克堡，华盛顿西北，隶属于陆军医学研究和发展指挥部，该研究所拥有6个四级生物安全实验室。实验室主要从事生物战剂医学防护和军队传染病防护的战略、产品、信息、程序等开发研究，研究中使用的病原微生物包括炭疽菌株、汉塔病毒、胡宁病毒、埃博拉病毒、马尔堡病毒、裂谷热病毒、委马脑炎病毒等。

美国肿瘤研究与发展中心（FCRDC）位于马里兰州的迪特里克堡，隶属于美国国家肿瘤研究所（NCI），主要进行I型单纯疱疹病毒研究。

美国传染病中心（CID）位于乔治亚州亚特兰大，隶属于美国疾病控制与预防中心，有四级生物安全实验室两个。这两个实验室主要进行病毒和相关动物载体方面的研究，主要是出血性病毒的研究。

美国国立卫生研究院（NIH）位于马里兰州贝塞斯达市，隶属于卫生与人类服务部。

美国病毒学与免疫学部位于得克萨斯州，隶属于生物医学研究西南基金会。这是美国第一个非政府机构建设和管理的四级生物安全实验室，用于开发防治病毒的疫苗和治疗方法，确定病毒复制和传播途径等基础和应用研究。涉及的病原微生物包括南非地区病毒、Ⅱ型痘病毒、拉沙热病毒、SARS病毒、炭疽菌株、汉塔病毒以及不明生物安全分级的生物制剂。

📖 知识链接

表3-7　美国的生物安全四级实验室

已建成	在建或计划建设
美国陆军传染病医学研究所 马里兰州	综合研究设施 美国国家过敏和传染病研究所 马里兰州
美国肿瘤研究与发展中心 马里兰州	加尔维斯顿国家实验室 得克萨斯大学医学科分校 加尔维斯顿，得克萨斯州
美国传染病中心 乔治亚州亚特兰大市	美国国家生物卫生分析与对策中心 美国国土安全部 弗雷德里克
美国国立卫生研究院 马里兰州贝塞斯达市	美国国家生物和农业防御设施 美国国土安全部 曼哈顿
美国病毒学与免疫学部 得克萨斯州圣安东尼奥市	美国国家生物实验室 波士顿大学 波士顿
美国国家B型病毒资源中心 乔治亚州亚特兰大市	弗吉尼亚州综合实验室服务处 弗吉尼亚州联邦一般事务部 里士满，弗吉尼亚州

美国国家B型病毒资源中心位于亚特兰大，隶属于乔治亚州州立大学，有8个四级生物安全实验室。该研究室主要进行大规模的病毒培养、抗菌素的制备、动物病毒分离、传染病研究以及病毒纯化等。

（4）日本

国家传染病研究所在1981年建立了武藏山村设施作为四级生物安全实验室。但是，由于来自附近居民的强烈反对，该设施被迫作为三级生物安全实验室运行。鉴于西非埃博拉疫情的需要，该设施于2016年申请作为四级生物安全实验室运行。

长崎大学四级生物安全实验室是长崎大学计划在2020年左右建成的一个规模较大的四级生物安全实验室，旨在进行病毒学基础研究，后期将开展治疗、疫苗和药物的开发以及专家培训等项目。

4　建设"国家生命科学的航空母舰"

我国政府逐渐认识到实验室生物安全的重要性，1987年，为了研究流行性出血热的传播途径，军事医学科学院和天津一家生物净化公司合作修建了我国第一个国产三级生物安全防护水平（biosafety level 3，BSL-3）实验室，并制定了比较系统的操作规程。

为了不断提高我国对烈性传染病的防控能力，适应不断提高的对高致病性病原微生物的现场和实验室操作要求，需要在硬件设施和管理制度上不断改进和加强。传染病防治人员在对具有高危险性和高度危害的致病因子，或者传播途径不明或未知的、危险的致病因子进行研究时，需要更高级别的生物安全实验室条件。

高防护级别生物安全实验室和各种设施、设备，是烈性传染病防控的安全保障，是对传染病防治人员的保护，这些设施的建设和使用大大降低了安全风险。

2004年，《国家高级别生物安全实验室建设规划》发布。此后，我国逐步形成了高级别生物安全实验室体系的基本框架，一批三级生物安全实验室投入运行，并建成了若干四级生物安全实验室，为我国的烈性与重大传染病防控、生物安全防范和产业发展做出了重要贡献。

到2025年，我国将形成布局合理、网络运行的高级别生物安全实验室国家体系。

我国将在充分利用现有三级生物安全实验室的基础上，新建一批三级生物安全实验室（含移动三级生物安全实验室），实现每个省份至少设有一个三级生物安全实验室的目标。还要以四级生物安全实验室和公益性三级生物安全实验室为主要组成部分，吸纳其他非公益三级生物安全实验室和生物安全防护设施，建成国家高级别生物安全实验室体系。

第四章

高等级生物
安全实验室
十二钢铁阵

　　开展高致病性病原研究，完备的软硬件设施是有效控制污染物扩散，保障研究人员及周边人群生命健康安全的必备条件。武汉国家生物安全实验室的十二个设施设备系统，构成了一个完善的防护体系。

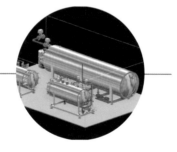

四级生物安全实验室是目前世界上安全技术和设备要求最复杂、维护和管理最严格的生物安全实验室。

有的病原具有高致死率、无有效药物、无适用疫苗的特性，开展其活病原相关科学研究需要在相匹配的防护等级的实验室内进行，四级生物安全实验室就是具备这种防护能力的实验室。

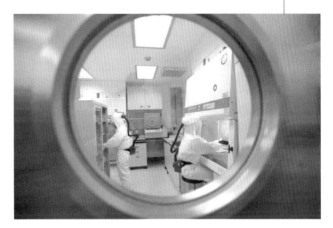

图4-1　管窥生物安全实验室

生物安全实验室的目的，在于保护研究人员不被感染、保护病原不泄漏到环境中造成污染。要实现这两个防护目标，需要解决好排放处理以及人员防护和进出通道消毒。武汉国家生物安全实验室（简称"武汉P4实验室"）中，实验室的通风排气采用两级高效过滤器过滤后排放，活毒废水由密闭管道收集后经高温灭菌处理后排放，实验废弃物经由双扉灭菌器高压蒸汽灭菌后排放。实验室人员穿戴独立供气的正压防护服开展工作；离开实验

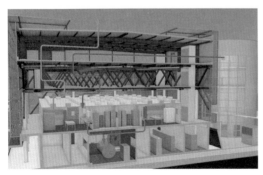

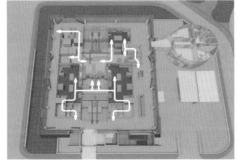

图4-2　实验室空气和水的流向和处理图示　　**图4-3**　实验室物料及人员通道和消毒处理图示

室时，正压防护服在化学淋浴间经化学药水消毒后方可退出，整个活动的开展都局限在一个封闭的围护结构内，病原无处逃脱。下面分别介绍这些防护措施。

① 钢铁之"躯"

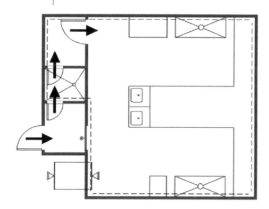

图4-4　单一实验室的围护结构平面示意图
（图示为人员通道及缓冲间）

开展高致病性病原科研活动，需要用一个屏障将实验室与外部空间隔离开来，形成一个封闭的工作空间，以避免病原扩散到实验室外部环境。这个屏障以及相关的防护设施，使得内外物品传送、空气流动、水的输送和排放、人员的出入都受到严格的控制，我们称之为"围护结构"（Containment）。

围护结构的具体形式，就是由"墙"和"顶板"隔出来（也包含地面）的多个房间构成的特殊组合。三级生物安全实验室和四级生物安全实验室都有这样的围护结构。与二级以下的生物安全实验室那种单独一个实验室空间不同，三级、四级生物安全实验室的围护结构为多房间组合，使每个房间具有自身的功能，形成有层次、更安全的防护体系。

图4-5　三级生物安全实验室围护结构内部彩钢板隔断

围护结构是由多个隔断房间构成的组合，各个房间的气流须组织成单向气流，空气只能从低风险的洁净区流向高风险的污染区。保证围护结构内的单向气流在各房间的梯度保持负压状态，负压水平伴随风险度的增大而提高。为了防止开、关门导致的病原流动扩散，要求每个实验操作间与公共区域之间要有一个缓冲间进行隔离，因为缓冲间的换气频率可以保证其具备自净功能，减小病原扩散的风险。

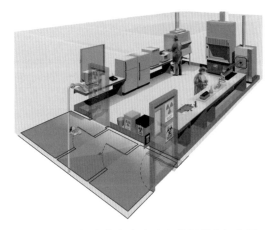

图4-6　三级生物安全实验室的隔断房间布局

为了保障围护结构的稳定性和耐久性，其构造需要有足够的强度，混凝土结构或者钢龙骨＋隔热彩钢墙板是两种常见的形式。武汉P4实验室采用了钢龙骨-不锈钢面板作为围护结构的建造材料。如果采用彩钢板或者不锈钢板作为围护结构的隔断材料，需要在隔断墙板内填充隔热材料，以避免结

图4-7　四级生物安全实验室的围护结构有更高密封性

图4-8　武汉P4实验室围护结构外部视角

露。为了便于清洁和消毒，围护结构的各个面均须保证光滑无死角，且能耐受酸碱和消毒物质的腐蚀效应。围护结构的墙板、顶板以及地面均要求是封闭结构，以避免病原的扩散逃逸；房间送排风要求经高效过滤器过滤。

四级生物安全实验室围护结构除了具有上述高等级生物安全实验室的共性要求以外，对围护结构的气密性有更高要求，在初始500帕的压差条件下，要求围护结构20分钟内的压差衰减不超过250帕。这个密封性要求对门、墙板的拼接缝，穿过墙板、顶板、楼板的管道，以及线缆的密封安装等各方面的施工工艺提出了更高的标准。

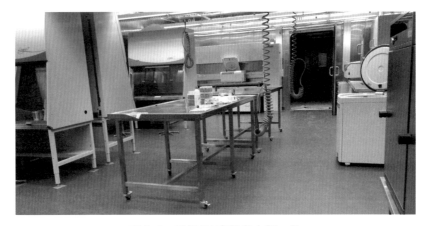

图4-9　武汉P4实验室内部一角

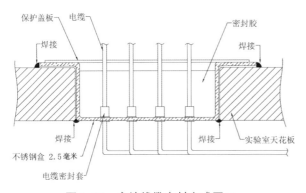

图4-10　穿墙线缆密封方式图示

武汉P4实验室围护结构采用不锈钢面板激光焊接密封方式建造，使得围护结构既美观又坚固，保证了长期的气密性效果。

现代的四级生物安

全实验室在设计建设中，往往在围护结构以外，另外建立一个相对封闭的空间。也就是在围护结构之外建立一个立体的"环形走廊"，该空间与围护结构一道形成BOX IN BOX的空间结构，可以更好地防范病原微生物的意外泄漏。

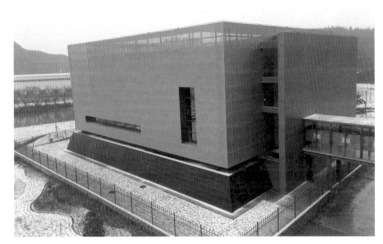

图4-11　武汉P4实验室冬季外景

② "太空服"

　　在三级生物安全实验室中，实验人员虽然穿着很严实的防护服装，以及护眼护面的器具，但有两个方面的不足：一是尽管戴了高质量的口罩，呼吸的仍然是实验室内的空气；另一个是无法杜绝工作人员的皮肤暴露于室内空气。这两个不足在操作一类病原时，可能会成为致命的缺陷。

　　为了弥补操作一类病原时上

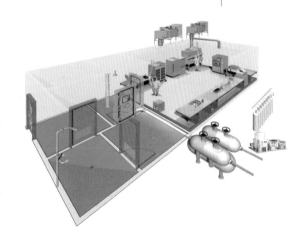

图4-12　生物安全实验室结构

图4-13   手套箱式隔离防护设备

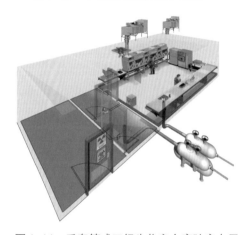

图4-14   手套箱式四级生物安全实验室布局

图4-15   穿正压防护服工作实景

述两个防护能力上的不足，可以采用两种方式，一种就是将病原操作空间"隔绝"起来，杜绝其与实验人员接触的可能；另一种是将实验人员保护起来。早期的四级生物安全实验室采用了前一种防护措施，形成了手套箱式的四级生物安全实验室；现代的四级生物安全实验室大多采用正压防护服式的防护措施。

正压防护服用具备一定抗酸碱、抗拉强度的化学面料制作而成。正压防护服连接上压缩空气管道后，在防护服内形成正压环境，可阻止实验室环境病原的进入。正压防护服还配有排气装置，使防护服内的空气处于流动状态，提供新鲜空气，排气装置将气体排放到实验室环境中。防护服内的正压状态可以让正压服在离开供气导管的两分钟时间内持续保障内部工作人员的呼吸供气，也便于工作人员移动时更换供气导管。

为了确保正压防护服安全工作，需要定期对防护服进行多项检测，确保其处于良好状态。防护服破损将带给实验室人员暴露于扩散病原中的风险。

3 "太空服"的淋浴间

实验人员穿着正压防护服在实验室里操作，为了给正压防护服消毒，四级生物安全实验室在人员出入通道上设置了"化学淋浴"装置，使用化学消毒剂以喷淋的方式对防护服的表面进行消毒处理，经过全方位的喷淋消毒后，防护服才能安全地穿戴到外部洁净区。

化学淋浴舱是整个围护结构中的一个房间，每一个人员进出的通道都需要配置化学淋浴，可看作实验操作区和洁净区的缓冲间。化学淋浴舱体往往单独制造，但技术性能上与围护结构具有同样的气密性要求、通风和过滤要求以及人员呼吸供气要求，也需要配置气密门。化学淋浴的排水需经安全密闭的管道接入活毒废水处理系统。

化学淋浴舱采用泵或者压缩气体作为动力，推动化学药剂实施喷淋。为了在紧急情况下仍能进行化学淋浴，必须提供仅借助于重力的手动喷淋方

图4-16　化学淋浴舱

图4-17　雾化的化学药水对防护服表面消毒

图4-18 化学淋浴储药罐及喷淋控制设备

图4-19 气密门

式。为了确保重力效应，化学淋浴的药罐必须置于高于化学淋浴舱体的位置上。

为了保障化学淋浴设备的正常使用，武汉 P4 实验室为其配备了不间断电源系统、持续的软水供应以及压缩空气动力系统。为了确保化学淋浴舱能安全有序地工作，每套化学淋浴设备都配备有一个完备的控制和警示系统，该控制系统会根据控制逻辑，依据开门的次序对淋浴舱体做污染（或洁净）标记。依据这个标记，实施对舱门的锁闭控制以及喷淋启动与否的控制，仅在淋浴舱被标记为洁净时才准予洁净侧的门开启。药液的储量、软水压力、压缩空气以及供电异常都会导致化学淋浴设备报警，提示设备的状态和有故障需要排除。

④ 密不透风

三级生物安全实验室对围护结构无气密性的要求，控制病原微生物扩散的措施主要依靠定向气流控制，也就是梯度负压的控制。即便门或者设备安装接头存在小的缝隙，因为梯度负压的存在，也可保证气流从低风险区流向高风险区。四级生物安全实验室操作的是危害更大的病原，不能容忍任何的泄漏风险，故对围护结构提出了气密性的要求。气密门可隔绝两侧气流交换。早期的气密门采用压紧式气密方式，由于压紧式气密门对门及门框的平整度要求高，对密封材料的均一性要求高，气密性不易保证，已逐渐被充气囊式气密门所取代。

充气囊式气密门在门关闭后，对固定于门扇边缘的密封气囊条充气，气囊充气膨胀时填充门与门框间缝隙，最后以胀紧的方式实现密封。

气密门的密封气囊的主要材料通常使用三元乙丙橡胶（EPDM）。EPDM密封圈具备抗冲击、耐酸碱、阻燃、耐高温、耐寒、耐老化等优点。除了具有气密性能，气密门通常还需要配置磁力门吸、门定位器、门开关和应急开门按钮。

围护结构生物防护区以内所有气密门均设定为互锁。互锁是指有一扇门未关闭的情况下该房间其他所有门均处于锁闭状态。互锁的设计确保了每一次开门，仅能允许两个房间互通，这可以确保实验室气流始终从低风险区流向高风险区，这是实验室梯度负压系统所决定的。如果没有互锁的限制，会出现三间以上房间相连通的情况，造成实验室压差梯度的破坏，不能确保

图4-20　气密门主要部件

图4-21　气密门的控制系统含互锁程序

气流从低风险区流向高风险区，带来生物安全风险。

气密门的开关控制、报警、互锁和管理均由独立控制柜实现，气密门正常使用所需的压缩空气、不间断电源均接入气密门控制柜。气密门控制柜可将气密门系统设置为工作、消毒以及检修等不同模式，工作状态下各门互锁，可按要求开启；消毒状态下，控制器锁闭消毒边界气密门，完成消毒确认后方可开启；检修状态可在完成消毒后解除局部区域的互锁。

5 防"毒"面具

三级和四级生物安全实验室的通风系统要求全新风系统，即不允许排风重复使用。为了保护环境的安全，送排风均须按国家标准安装高效过滤器。四级生物安全实验室的排风均须设置两级

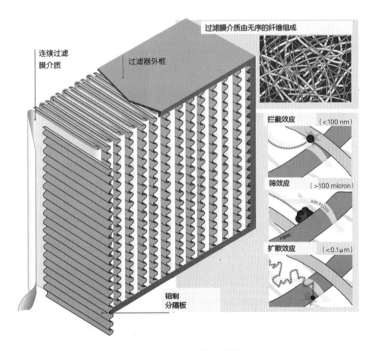

图 4-22 过滤器滤芯

高效过滤器（H14级）。
H14的含义是10万个0.3
微米直径的颗粒物通过
该过滤器，能穿透过滤
器的数量不超过5个。可
以想象，病毒要想穿透
两层这样的过滤器几乎
是不可能的（注：病毒
的颗粒大小在0.1微米
级，但病毒不会以单个

表4-1　过滤器过滤效率分级

高级等级	总过滤效率	逐点扫描效率
E10	>85%	—
E11	>95%	—
E12	>99.5%	—
H13	>99.95%	>99.75%
H14	>99.995%	>99.975%
U15	>99.9995%	>99.9975%
U16	>99.99995%	>99.99975%
U17	>99.999995%	>99.9999%

颗粒的形式存在，病毒及其附着物的直径通常大于0.3微米）。

　　有的实验室将两级排风高效过滤器均置于设备管道夹层，优
点是方便操作，可降低投资成本；缺点是各个房间排风口互通，
极端情况下可造成房间之间的串流，而且第一级高效过滤器距离
防护区有一段距离，会将防护区区域扩大到部分风管。武汉P4实
验室在排风高效过滤器的布局上，
将第一级高效过滤器安装在房间的
顶板上，做到不扩大防护区的区
域；第二级高效过滤器放置在管道
设备夹层，这样的布局可避免不同
房间的排风管道串风的影响。两级
高效过滤之后的风管，我们可将其
视为洁净区域。

　　从原理上讲，送风管道系统是
不需要高效过滤器的，因为送风不
是病原扩散的途径。但如果在送风
口不设置高效过滤器，那么整个围
护结构就不能形成一个对病原体而

图4-23　袋进袋出式高效过滤器

图4-24　送排风口式高效过滤器

言的封闭体系。我们将送风高效过滤器看作围护结构的一部分。同时为了应对意外情况的发生，送风口的高效过滤器有重要的安全保障作用。

送、排风高效过滤单元均配置有原位测试接口，可接入外部气溶胶发生装置并对气流后端进行取样测试。位于排风管道中段，置于设备夹层的高效过滤器为袋进袋出式过滤单元，配置了多探头自动扫描机构，可对高效过滤器逐点测试过滤效率和检漏，必要时可采用密封袋更换滤芯。同时还配置了两个消毒口，可原位对污染系统进行化学气体消毒处理。

使用过程中，每一个高效过滤器都会被监测风阻压差，达到一定风阻时就需要更换滤芯。每次更换高效过滤器滤芯，都必须进行一次过滤效率测试，以确保高效过滤器的防护性能可靠。

⑥ "热情"的蒸汽

实验活动中会产生一些感染性材料，比如病毒培养物、感染动物的组织、病毒分离的缓冲液等，还有一些实验过程中被病原污染的器具，如培养皿、移液管、离心管、手术器材等。这些感染性材料和被污染的器具是不能不经处理就送出实验室的，消毒和灭菌是常用的去除污染的方式，其中灭菌处理是一种较为彻底且易于实施的方式。灭菌器采用蒸汽湿热121℃ 20分钟的条件，可以杀灭包括细菌孢子在内的微生物，经过灭菌处理的器具和材料可以安全地打开。

二级以下生物安全实验室一般使用的是单开门的灭菌器，放

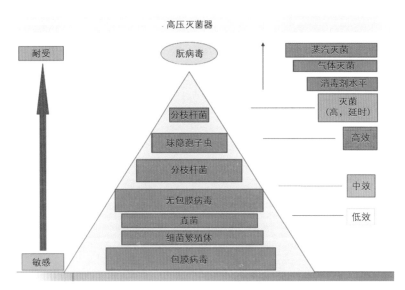

图4-25 病原对消毒灭菌措施的抵抗能力

入污染物和取出灭菌后的洁净物的操作都在同一个区域环境。三级以上生物安全实验室基本上都配置双扉灭菌器，其特点在于灭菌器横卧安装，有两个门，一个门位于污染区，一个门位于洁净区。操作时，污染材料可在污染

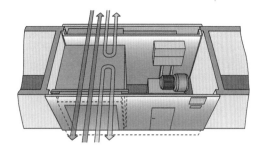

图4-26 双扉灭菌器的结构

区放入灭菌器，而经过灭菌后的材料可以在洁净区取出，保证材料在放入和取出操作中不会出现交叉污染。

与老式自然下排气灭菌器不同，三级生物安全实验室普遍使用脉冲真空式灭菌器，其特点是采用多次脉冲式抽真空，增强蒸汽的穿透效果，使得包裹的物品能被有效灭菌。实验室常用BD测试包来定期监测灭菌器的运行性能。BD测试包可以反映真空度和灭菌效果两方面的指标，这是一种物理验证方式。高等级生物安全实验室还需要定期用生物验证的方式来测试灭菌器的工作效

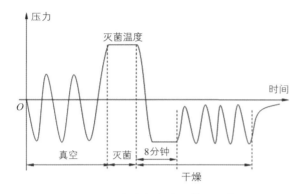

图4-27　脉冲真空式灭菌器工作原理

果。生物验证使用嗜热脂肪芽孢杆菌的芽孢作为指示剂，在灭菌后将指示剂进行培养，来验证是否有效杀灭了目标菌。

生物安全型灭菌器还需要一套可靠的运行保障系统，实时监控灭菌器各个关键运行环节，通过温度、压力、流量等多种数据来监测灭菌器的工作状态，在出现异常时可做出保护性措施，避免污染物的泄漏。

图4-28　双扉灭菌器的装载装置

图4-29　双扉灭菌器的密封安装设计

7　一滴也不放过

三级生物安全实验室通常不设置活毒废水处理系统，因为实验操作的污染物可以用灭菌器完成消毒灭菌。活毒废水的处理装置主要分为两类：续批式和连续灭菌式。较大量的废水处理需要用到续批式处理装置，主要用于有较大动物饲养的实验室。续批式废水处理一般会设置三个罐体，一个作为收集罐，另外两个为互为备用的灭菌工作罐，或者三台互为备用的收集/灭菌罐，采用外部蒸汽源或者电力加热灭菌处理后排放。

　　废水量较小的实验室可以配置连续式高温灭菌污水处理系统，其特点是不需要多个大储罐，占用空间小，连续回流加热灭菌方式比较节能。

　　武汉 P4 实验室采用的是法国 ACTINI 公司生产的处理量为 150 升/时的连续式活毒废水处理系统，采用 134℃ 18 分钟的灭菌方式实现污水的灭菌处理。

　　灭菌单元并列安装了 2 个电加热器，每个 15 千瓦，一备一用。每个灭菌单元的内容积为 45 升，系统最大流量限制为 150 升/时，可确保液体在加热保温段的滞留时间大于 18 分钟。

　　运行程序实时监控流量和温度，确保灭菌温度和时间要求。污水处理系统装置了在线破碎器和过滤装置，灭菌前以循环方式进行粉碎过滤，使固体颗粒直径小到 3 毫米，确保灭菌系统中的废水不影响系统

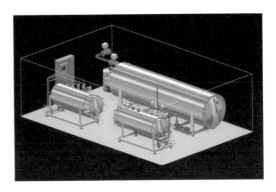

图 4-30　续批式污水处理装置

图 4-31　续批式污水处理装置（互为储罐的一用一备配置）

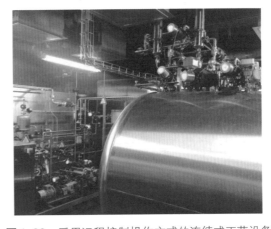

图 4-32　采用远程控制操作方式的连续式灭菌设备

运行。

　　该连续式灭菌处理系统使用软水运行减少结垢，并配有2台各250升清洗液罐（酸、碱罐），在对废水进行热处理之前或处理之后，可自动对整个系统进行清洗、除垢。系统配置有一个5000升的废水储罐，储罐的安全阀排气口装有双重0.2微米耐高温过滤器，可在灭菌后更换，保障检修人员的安全。

⑧　巨人的铁肺

　　四级生物安全实验室须配备生命维持系统。正压防护服内的实验人员，其呼吸供气是与实验室环境气体隔绝的，生命维持系统因为给防护服内的实验人员提供呼吸空气而得名。

　　生命维持系统供应的气体需要有足够的压力来保障正压防护服的工作，也需要有洁净的气体保障实验人员的健康呼吸需求。

图4-33　武汉P4实验室的呼吸空气制备系统

图4-34　武汉P4实验室的呼吸空气制备系统　　图4-35　武汉P4实验室的备用供气系统

武汉 P4 实验室的生命维持系统是从法国 BELAIR 公司进口的，含有 3 台空气压缩机和对应的空气生产线，保持二用一备的运行状态和应急状态，并自动定期检查备用设备的运行状况。压缩空气经过 3 个独立的过滤系统，即 1 微米除油过滤器、0.01 微米亚微细粒过滤和 0.003ppm（百万分比浓度）活性炭过滤，除去空气中的油污、颗粒物、异味和水蒸气。配置有空气分析站，有 3 个测量传感器，监测一氧化碳、二氧化碳、氧气，保障呼吸空气的质量。压缩空气输出前端配置有 2 立方米的空气缓冲罐，缓冲罐设定的最低压力为 60 万帕。

整套设备配备了自动声光报警系统，报警声达 110 分贝，能实时发现故障状况。

因为实验室的其他设备如污水处理系统、双扉灭菌器、气密门、化学淋浴以及袋进袋出过滤器等设备均需使用压缩空气，所以生命维持系统的空气也会供给这些设备使用。

9 动力之源

四级生物安全实验室需要有市电、不间断电源和柴油发电机三级电源保障。只有做好电力保障和供应，遭遇突发事件时，才能有效地保障生物安全，才能保证工作人员有序撤离。

武汉国家生物安全实验室配备有应急

图 4-36　武汉 P4 实验室的双市电回路供电系统

图4-37　武汉P4实验室的不间断电源系统　图4-38　武汉P4实验室的备用双柴油发电系统

电源和不间断电源。

防护系统中最核心的设备连接于不间断电源，包括气密门与化学淋浴的控制柜、通风系统直接数字控制柜及备用排风机、生物安全柜、动物隔离笼具以及防护区照明设备。

两套电池组的输出均由中央监控系统实时监控，确保不间断电源的有效运行。

10　无形的屏障

三级以上生物安全实验室均要求有负压梯度，以确保单向气流从低风险区流向高风险区。实验室的通风和压差控制是由送风系统和排风机组共同作用的结果。

武汉国家生物安全实验室划分为5个核心实验室区域和4个物品通道缓冲间以及1个污水处理间，共计10个防护区；另有4个辅助工作区，14个送排风系统。核心送风空调机组No.1—No.5均采用一用一备，10套生物安全排风空调机组均采用二用一备，总处理风量60210立方米/时。

实验室的通风总体上采用定送/变排的控制方式，实现了风量以及梯度压差的稳定。10个生物安全防护区的通风，根据风险程度采用不同层级的负压控制，确保空气只能从低风险区域流向高风险区域。负压范围从防护服更衣间的-50帕，到最大负压区的动物解剖间-180帕。为了确保实验室防护区的绝对负压状态和工作期间的相对负压梯度，对送、排风机的起/停频率、密闭阀执行器的行程和速率进行了优化设计。对于动态较大的化学淋浴舱的通风，专门进行了有效设计，将门控制信号与通风阀门控制进行了关联，提升了化学淋浴通风的动态响应速度，保障了大动态下的生物安全参数。为了满足实验室不同工作模式需要，对几个主要的实验室区域另设置了消毒模式和保护模式等通风方式。

图4-39 武汉P4实验室的洁净新风机组

图4-40 武汉P4实验室的安全通风管道

图4-41 武汉P4实验室的高可靠性自动控制柜

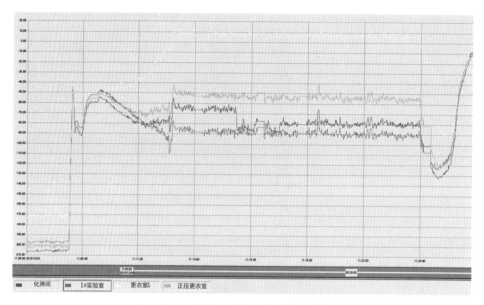

图4-42 武汉P4实验室精确的压差控制

图4-43 武汉P4实验室自控系统的上位机服务器

11 最强大脑

武汉P4实验室的自动控制系统采用集散型计算机控制系统，组成两级控制及管理结构。

第一级采用多个现场直接数字控制器（DDC），控制各系统设备的运行，并将运行数据上传给上位机。DDC的运行控制可不依赖于与上位机之间的通信独立工作。上位机收集多个DDC上传的数据，通过人机界面软件提供对整体系统的监控与管理，上位机构成了第二

图4-44 生物安全实验室的生物安保要求

级的中央集成管理系统，除了监控系统的运行状态，还可向DDC控制器发送运行指令，修改运行程序与参数。武汉P4实验室的中央集成管理系统包含两台互为备用的服务器和两个移动式工作站。

系统配置了18台DDC控制柜，其中14台用于通风系统的自动控制，4台用于关键设备状态监控、冷热源配置管理、电力供应的实时监控、分级报警功能管理。高效的监控报警以及灵敏稳定的控制保护，可更有效地发挥防护设备的能力，提供高等级的生物安全防护。

12 红色警戒

武汉P4实验室的安全防范系统包含视频监控系统、门禁系统以及周界红外防范系统，组成一体化的安防系统体系，所有的安防动态数据汇集到安防控制系统。

实验室所在园区在建筑物每个出入口、内部通道或走廊、重点操作间等部位设置前端摄像机，图像传送至监控中心，提供实时的监控和记录。采用多媒体图像处理技术进行图像分析、检索和储存等处理。安防控制系统留有与公安110报警中心联网的通信接口。主控设备采用硬盘录像机加矩阵的形式，灵活方便。

图4-45　武汉P4实验室的中央监控室

实验室的设备运行上位机的监控界面、安防控制系统的操作主机、视频监控界面以及实验室内科研人员的语言交流控制台均汇集在中央监控室，中央监控室是实验室的信息交互中心。

第五章

国之重器

　　武汉P4实验室是由四级生物安全实验室及其配套设施构成的重大科技平台，是认识烈性病原、防控烈性病原疾病的科技重器。依托武汉P4实验室可开展以生物安全为核心的多学科交叉研究，为我国乃至世界人民的健康事业提供强大动力。

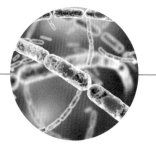

武汉P4实验室是国家重大科技基础设施。

武汉 P4 实验室是国家重大科学设施平台，它是以四级生物安全实验室为核心，加上配套的三级生物安全实验室以及系列辅助设施构成的生物安全物理防护设施。依托武汉 P4 实验室可开展广泛深入的多学科交叉和协同创新研究，抢占生物安全研究领域的前沿制高点，提升我国生物安全研究创新能力；推动构建全程贯通创新链条，形成基础研究与应用研究成果源头与产业的紧密结

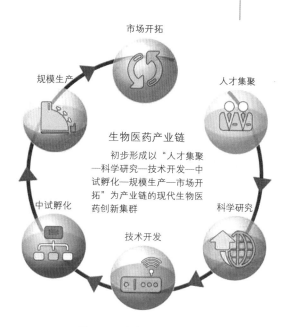

图5-1　生物医药产业链

合，支撑高等级生物安全防护、侦检、药物、疫苗等技术、产品的升级、研制，为我国人体健康相关产业发展提供强大动力。武汉 P4 实验室将成为一个设施先进、功能齐全、管理严格、运行科学的生物安全平台，成为国家新发传染病预防和控制研究中心、烈性病毒保藏中心、联合国世界卫生组织在传染病方面的参考实验室和国家生物安全中心核心设施。

❶　安全堡垒维和平

武汉 P4 实验室生物安全屏障设施包括电力供应系统、热力供应系统、维护结构系统、空气处理系统、废弃物处理系统、生命

维持系统、自动控制系统、消防控制系统、关键隔离装置、安全保卫系统等。

为了更好地发挥实验室的科技支撑能力，需要规范实验室物理设施运行和病原操作的生物安全管理和质量控制，建立和完善支撑传染病预防和控制研究相关的烈性病原菌毒种保藏、诊断鉴定、感染性疾病模型构建、药物筛选与评价及疫苗评价、预警监测功能科技支撑服务能力，研发创制具有自主知识产权的高等级生物安全防护设备设施，实现高等级生物安全实验室的自主设计和建设。

病原资源科技支撑服务。面向科技、卫生、农业等领域用户的菌毒种资源需求，提供覆盖不同危险级别的各类病原的菌毒种保藏及信息化科技支撑服务。

病原诊断科技支撑服务。根据不同用户、不同应用环境的需求，完善已知烈性病原的快速、高灵敏度、高通量筛查技术和分

图5-2　病原资源

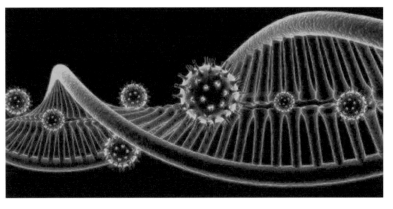

图5-3　病原鉴定

离鉴定技术服务，开发未知病原的核酸检测与高通量基因数据库技术服务等。

感染性疾病动物模型构建科技支撑服务。重点针对病毒性疾病特征动物模型的技术需求，为用户提供小动物与大动物（灵长类动物）疾病模型的建立、评价与应用等服务。以建立人类新发烈性传染病的动物模型为目标，发展稳定的病毒易感动物模型，为生物安全研究、生物安全防范技术的发展提供模型与评价体系。

药物筛选与评价及疫苗评价科技支撑服务。为用户提供抗病毒药物药理筛选、药效评价以及疫苗评价科技支撑服务，为我国传染病防控与生物医药产业发展提供科技支撑。

预警监测科技支撑服务。针对病原传播的主要链条和环节，实现实时、动态、快速侦检与网络化数据监控，联合国家主管部门，完善新发烈性传染病预警预报体系，为国家重大生物风险评估、生物安全预警和重大决策提供科学依据。

生物安全培训科技支撑服务。目前我国尚未建立生物安全人员培训体系、培训效果的评估体系和人员培训的管理体系。武汉国家生物安全实验室要建立实验室运行维护、生物安全管理、科

图5-4　生物安全培训

学实验和第三方服务的培训体系，培育高等级生物安全实验室人才队伍。

武汉国家生物安全实验室致力于发展关键设备替代设备和技术，提升和完善设施的功能，包括监控和数据管理技术、新型适用的消杀材料和技术、关键密封材料和技术、生命维持系统、新型传递与可移动生物安全装置，提升和完善设施功能，保障设施高效运行，最终实现高等级生物安全实验室的自主设计和建设。

监控和数据管理技术。研制出灵敏稳定的空气和污水监测传感器，提高检测灵敏度，提升元器件性能；建立科学数据的分类存储和分级共享体系；完善实验室自动控制，保障大科学设施的安全高效运行。

图5-5 远程监控

新型消杀材料和技术。建立模拟消杀研究平台和消毒效果评价方法，选用不同类型的消毒剂进行系统性研究，积累必要的系统分析数据，为选择新型适用的消杀材料奠定基础；针对环境消毒，特别是管道消毒，研制自带循环驱动装置，采用新型环保性的消杀材料，替代目前有缺陷的消杀材料。

图5-6 环境消杀

关键密封材料和技术。为满足密封门、管道连接和穿墙密封元件的密封需要，研制出抗老化和耐腐蚀的密封橡胶；为了满足密封阀门、墙体板材连接和过滤器连接的密封要求，研制出新的耐腐蚀的黏合密封材料；探索激光焊接和其他焊接、密封技术的应用，提升实验室的密封性能。

新型传递与可移动生物安全装置。目前，实验室防护区内一些必须传递到室外的实验材料，包括活菌毒株、灭活菌毒株、蛋白和核酸材料等，主要由实验人员在对样品进行去污染后，通过人员进入通道传递到室外。为此，需要研制自净型传递窗，并对其效果进行评价，解决大批量、不耐高温的材料的传递问题；研制能满足不同类型样品需要的包装和传递容器，用于实验室内外和不同实验室间的物品传递，提高实验室的使用效率，降低样品和材料传递风险。同时，要建立感染性样品野外采样检测、样品及人员转运系统，有效防止病原微生物扩散，保障菌毒种在采集、运输过程中的生物安全，保护工作人员及公众生命健康，提高实际工作能力。

生命维持系统。武汉国家生物安全实验室采用国产设备，组装呼吸空气的制造、存储和输送设备，满足呼吸要求。同时，要研制出正压工作服生产面料，研制出正压工作服，替代现有产品；研制出新型的个人独立防护服；完成生命维持系统输送管道的优化、改造和安装，提高安全性能。

图5-7　生命维持系统

② 劈涛斩浪铸利剑

我国科研人员依托武汉 P4 实验室，开展生物安全威胁因子防范的关键技术及产品研发，针对"侦检消防治"五个核心环节研制技术和产品：鉴定新的标志物及药靶；研发实用型侦检试剂和智能设备；制备高致病性病原的抗血清与治疗性抗体；研发新的药物和新理念疫苗等；发展和储备相关试剂产品和防治药物，在新发、突发传染病侦检方面形成快速反应能力，并形成应对高致病性未知病原的技术体系与救治能力。

病原的侦检是生物安全防控的第一道屏障，目前尚存在诸多技术瓶颈，如样品分离与富集步骤烦琐、低丰度样品检出率低、检测重现性差、集成度低、智能化程度低等。

针对以上瓶颈，科研人员依托武汉 P4 实验室，致力于发展生物分析新技术，研制实用型侦检试剂和便携式、智能化的侦检设备，实现多安全等级、通量化、标准化、现场化的病原检测，满足相关传染病快速侦检、大范围监控与及时诊断的需求，为传染病防控、生物安全防范和突发性公共卫生事件的有效应对和快速处置提供关键技术支撑。

自组装蛋白纳米是一种新兴的生物纳米技术平台，科研人员依托武汉 P4 实验室，成功得到了系列不同尺寸的蛋白纳米颗粒，所合成的酶纳米复合物能显著提高免疫分析检测灵敏度。相较于传统的酶联免疫吸附测定，其用于心肌肌钙蛋白的检测灵敏度提高了 10000 倍，为发展超灵敏的生物纳米传感新技术提供了强有力的手段。

科研人员还依托武汉 P4 实验室，成功构建了首张结核分歧杆菌全蛋白质组芯片。该蛋白质组芯片含 4262 个结核分枝杆菌基因组阅读框架编码产物，可用于研究人免疫细胞—结核杆菌的相互作用机制，进行药物靶标的全局性研究，系统性地进行结核病诊断生物标识物的研究，为结核病研究打开新的窗口。它可以系统发现新的免疫原和新的标识物，从而发展新型高效疫苗、新药和新检测技术，是结核病基础研究强有力的新平台。

目前，科研人员已经依托武汉 P4 实验室研制出了埃博拉、马尔堡、拉沙热等 10 种高致病性病毒的核酸检测试剂盒和设备；开发了埃博拉、中东呼吸综合征和炭疽病快速诊断试纸条，其中埃博拉试纸条在法国里昂 P4 实验室得到验证，效果获得世界卫生组织好评。

我国科研人员还将依托武汉 P4 实验室，在以下方面取得重大突破：

开发新发病原快速响应集成芯片。基于细胞学、合成生物学、基因工程，结合 3D 打印、微流体芯片等新兴技术，发展细胞培养芯片技术。

建立病毒侵染示踪在线光学成像平台，构建病毒核医学诊断成像平台，结合生物医学光子学为指导的多模态跨尺度生物医学成像设施，以及生物磁共振分析的重要方法、技术，构建和研发生物安全医学诊断成像平台，在病原微生物医学成像和诊断的关键技术和核心仪器研制上取得重要突破。

进一步深入开展对烈性病毒的感染致病机制及疾病诊断分析，对动物及离体解剖形态学成像、功能学成像及定量分析，以及疾病定位、定性诊断、分类、分型等进行研究，提升我国在生物安全病原生物学基础研究中的核心竞争力。

针对我国在新发、突发高致病性传染病的有效预防与救治方面手段较为匮乏的现状，加强治疗性单克隆抗体、新药、新理念疫苗、抗血清的研发，从根本上提升我国的生物安全防控能力。

运用系统生物医学研究策略，全面筛选、鉴定生物安全病原有效标志物，推动下游诊断试剂与设备的研发。在对生物安全病原的生长、增殖以及致病进程进行充分研究的基础上，选择病原特异性的关键蛋白作为新的药靶，为新药设计奠定基础。采用基因组学、转录组学、蛋白质组学与代谢组学等研究手段，系统发现并验证新的标志物。综合运用生物信息学、生物化学、分子遗传学等研究手段，发现并验证病原生长、增殖与致病进程中的关键蛋白和新药靶。有效标志物的鉴定是生物安全病原诊断的先决条件，药物靶标的发现与验证是新药研发的基石。

整合病原生物学、结构生物学、有机化学、药物化学等多个学科方向，针对病原入侵、复制、宿主适应等核心过程中的重要靶标分子和关键靶位点，结合理性化设计、高通量筛选、特色分子库筛选等多种策略，得到先导分子以及先导分子衍生物，并建立先导分子的衍生物库。针对先导分子和衍生物库，从生理化学性质到极性和慢性毒性多方面对实验性药物的一致性、可靠性、可重复性和完整性进行全面临床前安全评价。针对无常规药物需求的高致病性病原，主要依据实验性药物的有效性和安全性，储备可在特殊情况下快速批量生产应急性药物的技术能力。

研发新型药物递送技术。针对重组蛋白、核酸等新型药物高效递送的需求，综合考虑递送过程的各级屏障，以蛋白纳米结构为骨架，利用结构生物学、生物化学、合成生物学、纳米技术、免疫学等多学科手段，通过表界面性质调控和蛋白理性设计，创建多功能药物纳米载体系统，赋予其药物可控装载、高效靶向、环境响应、实时可监控等特性，解决生物大分子药物递送过程中的稳定性、靶向性、释放的时空控制等关键问题，建立新型药物智能递送技术。

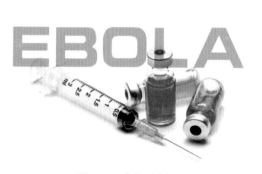

图5-8　疫苗研制

研发新型疫苗。研制基于新

载体、病毒样颗粒（VLP）等的疫苗，开发治疗性疫苗、速效疫苗等新型疫苗。结合生物信息学、结构生物学，鉴定病原蛋白上的关键位点，从而进行免疫原设计和验证。针对不同T细胞亚型的免疫修复和疗效检测技术，开展佐剂的应用基础研究。建立完善治疗性疫苗样品制备工艺体系。当病毒单个蛋白质被制备成亚单位疫苗时，其表面非自然暴露区域会对人体免疫系统产生负干扰。比如，在研制中东呼吸综合征冠状病毒疫苗时，通过对非自然暴露的区域进行改造，使得改进疫苗有效性显著提高。

研发新型抗体与血清。发展抗原设计与验证技术、抗体片段展示技术、B细胞分选技术、人源化技术、抗体的化学修饰和工程化改造技术、新型单域抗体及双功能抗体技术、细胞株构建与抗体表达条件优化技术，建立小试工艺到中试放大和临床试验用药生产的全部流程。现已利用新型抗体筛选与研发平台，研制出了针对埃博拉病毒和克里米亚-刚果出血热病毒的治疗性中和抗体，对这两种病毒有着良好的中和作用，具备了发展成新型抗体药物的潜力。

研制新型环境消杀制剂。对疫源地进行环境消毒处理是高致病性传染病防控的必需环节。目前所采用的环境消杀制剂大多为化学消毒剂，如过氧化物、含氯化合物、含碘化合物等，这些化合物容易对人畜产生直接或者间接伤害，并对环境产生破坏。因此急需研发新的环境友好型消杀制剂与相应的投放设备，以提升我国的生物安全应急处理能力。

基于各类生物风险因子的生态、环境、气象、交通传播和扩散规律，发展新的消杀理论，研发环境友好的绿色消杀技术和产品，通过物理和化学手段有效消除现存的和潜在的生物危害因子的污染和威胁，切断风险因子的发生和传播途径。

此外，武汉国家生物安全实验室还承担了生物安全理论研究

图5-9 疫情防控预案

的任务，包括：

利用生物安全风险因子及其危害预测和全息化分析，开展病原体及其操作和不明生物因子的风险评估，合成生物学的风险评估和防范举措，建立病毒溯源、跨种传播、耐药性、跨境传播等数据库，建立基于大数据的流行病学预警分析系统，提供生物安全风险因子目录，逐步形成新发突发疾病预测能力，为国家生物安全应对决策提供咨询服务。

进行信息分析。构建基于厚数据的既往传染病流行病学数据库。集合从事传染病研究的重要人员、机构或组织所开发的预警、监测评估系统、平台或模型，相关生物制药企业在历次疫情的预警、诊防治中所做的判断或提供的建议，同时结合疫情发展情况、政策规划等，对判断依据、行为结果、策略影响等进行厚数据分析，提取风险因子和预警要素。

开发基于大数据的流行病学预警分析系统。集成生物学、流行病学、人口统计学、地理学、气象学、环境科学等数据，研究流行病在流行区域间传播的时空路线和规律，结合厚数据分析结果，构建风险评估模型，开发预警分析系统。

优化预警策略和分析模型，提出防控预案建议。结合风险评估数据和情报数据，利用预警分析系统，对不同病原体进行灾害程度分级。在针对性的早期预警实践中优化数据采集、厚数据分析和大数据分析策略、风险评估模型，并提出针对不同情境的防控预案。

对国内外重大传染病预警、诊断、防控和治疗策略进行系统性的研究，筛选出切实有效、具有针对性的指标体系和策略，进而为我国的生物安全保障提供切实有效的情报支撑，为我国的国防、公共卫生、农业、交通、海关等领域的生物安全提供决策依据，为我国相关企业的战略制定和市场前景判断提供切实有效的技术支撑。

预警监控。从病毒溯源、跨种传播机制、耐药性分析和跨境传播规律等方面出发，结合相关新发突发病毒监测和已有基础数据，整合气象、水文、社会经济活动等综合参数，建立新发突发疾病预警模型。通过前瞻性研究评价新发突发疫情在人群中流行的可能，为国家预防控制新发突发疫情提供依据和技术支撑。

风险因子评估。建立风险因子目录，确立不同类型病原体的风险因子生物危害等级，预测和评估不明病原体、生物质及合成生命体的风险因子和危害等级，制定相应的防范策略和控制技术，完善国家生物因子风险管理体系和机制。

病原体及其操作的风险评估。开展未知和外来病原体的感染、致病和流行的风险评估，提供风险控制的预警预报分析报告；开展重要病原体的操作风险评估，提供控制风险的操作规范等指导性文件。

不明风险生物因子的评估。发展不明风险生物因子的侦检技术，建立不明风险生物因子的快速检测和消除的技术和方法，评估不明风险生物因子对个体和群体的风险，提出消除不明风险生物因子的风险的措施方法。

研究人工合成生物新技术，发展针对合成生物特异性

图5-10　人工合成生物

图5-11 深海生物采样

标志的基因检测和快速免疫学检测方法，为控制合成生物的环境释放并监测其遗传稳定性提供技术支撑；同时，研发评估人工合成生命体对人畜、作物和环境的安全性的方法技术，发展人工合成生物意外泄漏的风险评估、控制和处理技术，初步建立人工合成生物监测网络和管理系统。

特殊环境中病原体的风险评估和防范。开展特殊环境（极地、冰川、深海、太空、热带亚热带地区）中病原体样品管理、研究过程和病原体对动物、植物和人类的潜在风险评估，确定其致病性、传播性和危害性，研究减少潜在病原的风险的控制策略和储备技术。

应用信息安全领域中的可存活性理论和技术，以及管理科学中的博弈决策理论，研发基于国情和生物安全领域大数据的风险因子定量评估模型，并采用计算机模拟技术（特别是针对突发事件应急反应的能力）进行广泛的仿真实验，为生物安全宏观决策提供科学依据。

③ 钢铁雄心谱春秋

我国科研人员依托武汉P4实验室，系统性研究病原传播、扩散和进化规律，揭示病原入侵宿主、复制和致病的分子机制，在此基础上开展病原检测、防治、消杀和预警等相关研究，为我国全方位应对生物安全威胁提供技术和信息保障以及应急处置方案。

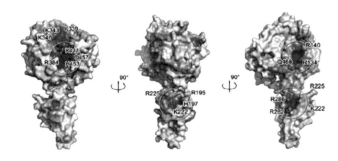

图5-12　克里米亚-刚果出血热病毒蛋白结构

首当其冲的是病毒战略资源的发现与挖掘。例如，针对国际上可以引起人间传染的重要传染性疾病——克里米亚-刚果出血热病毒的蛋白结构病原进行收集、制备、保藏和病原学研究；引进、人工合成高致病烈性病毒，为科研提供资源。

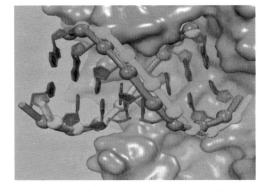

图5-13　病毒的RNA聚和酶转位中间体结构

我国科学家从欧洲病毒资源库"走向全球"成功引进了两株寨卡病毒毒株，同时与出入境单位合作分离得到一株寨卡病毒毒株。目前，中国科学家已成功人工合成杆状病毒，这是迄今为止全球报道合成的最大的DNA病毒。

科研人员将围绕新发突发病原的基因组学和功能基因组学开展研究。如利用反向遗传学等方法，研究未知病毒基因的功能。开展病毒基因组多样性的研究，发现基因组中的突变热点。利用生物信息学、结构生物学、病毒学等多学科技术等，研究病毒在不同环境及压力下的突变和进化规律。选择基因组中的特定位点，研究突变与病毒嗜性、免疫逃逸、耐药性的相关性，揭示多个烈性病毒基因组中未知基因与病毒致病性的关系，发现一批与病毒嗜性、免疫逃逸、耐药性相关的突变位点，并揭示其作用机制，为疫苗及抗体、抗病毒药物的研制提供重要靶标，为新发突发疾病的防控提供策略依据。

病毒复制的生物学研究。建立多种烈性病毒活细胞内单病毒示踪和超分辨成像技术；通过构建突变子、假病毒、稳定表达细胞系、超微结构等研究，对病毒吸附、入侵、基因组复制、组装及释放等关键环节开展动态示踪、转录组学、蛋白质组学、分子机理研究；研究高致病烈性病毒入侵相关病毒蛋白及细胞受体，揭示病毒蛋白及受体的精细结构对病毒入侵及细胞嗜性的影响，开展抗病毒入侵的药物筛选研究；分离多种高致病烈性病毒的复制复合体，解析复制复合体的结构与功能，开展抗病毒复制药物研究；研究高致病烈性病毒的包装信号、自发包装的过程以及机制；研究病毒从宿主细胞中释放的方式，以及病毒释放后对宿主细胞在信号转导、免疫应答等方面的影响。

病原分子机器的精密结构研究。围绕病毒基因组复制、病毒表面蛋白与受体的相互作用、病毒颗粒组织形式等核心问题，聚焦与病毒蛋白功能相关的关键构象变化等动态过程，解析病毒复制酶、病毒颗粒、受体识别相关蛋白或复合物等的高分辨率晶体结构。建立和发展冷冻电镜与低温电子断层扫描技术，用以剖析病毒颗粒等复杂复合物的空间结构。

病毒的跨种传播研究。利用分子生物学、流行病学及大数据分析等手段研究不同物种中病毒及其受体的相互作用情况，为进一步防控提供理论基础。通过生物信息学分析，预测病毒的毒力位点及受体结合位点；通过分子生物学实验确定病毒针对某一特定宿主的与致病力、毒力相关的关键氨基酸，研究病毒感染不同宿主的受体特征或嗜性变化。

宿主易感性的遗传学基础研究。对研究人群进行全基因组序列测定，包括DNA甲基化等表观遗传学分析。重点关注不同民族、不同地域人群在重要病原细胞受体、转录复制因子、免疫防御及免疫耐受蛋白以及炎症、凋亡、自噬等病理因子方面的基因遗传与变异情况。分析单核苷酸多态性（SNP）与疾病发生、发展与临床转归的关联，用转基因等技术，验证关键基因的遗传变异与宿主易感性的关系。了解中国主要民族与病原易感性相关的基因遗传与变异状况，揭示疾病易感人

图5-14　人种差异

群。这些研究能为研发防控烈性传染病的疫苗、研制防范生物安全威胁因子的药物提供理论依据。

重要传染病的病理学机制研究。针对代表性烈性病原，建立并完善其细胞和动物感染模型。利用感染模型，通过生化、分子生物学、细胞生物学及组学手段研究烈性病原感染影响宿主、病毒入侵细胞及代谢的机制；阐述病原感染诱导炎症风暴，造成组织器官功能丧失的机制；解析淋巴细胞调控炎症风暴的作用机理；阐明病原感染导致内皮细胞功能丧失、凝血机制失效，从而引起出血的机理等；建立或完善几种烈性病毒感染的动物模型，揭示烈性病毒的致病机制，为抗病毒药物开发提供靶点。

抗感染免疫的防御和清除机制研究。以代表性烈性病原感染为模型，阐明宿主免疫系统识别病原的分子机制；鉴定病原感染诱导免疫应答的关键蛋白及非编码RNA，并探索这些关键分子功能异常与疾病发生的关联性；鉴定病原逃逸宿主免疫建立感染的关键因子，探讨急慢性感染状态下免疫耐受的分子与细胞机制；发现抗烈性病毒感染的免疫应答机制、相关免疫病理机制；发现免疫逃逸的关键病原分子及其机制，建立起免疫逃逸、疾病流行的评价指标。

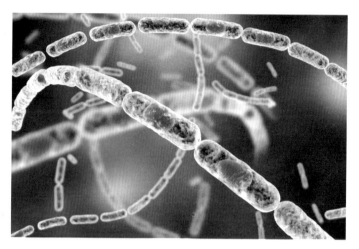

图5-15 炭疽杆菌

病原菌的致病因子研究。以高致病性病原菌为模型，从毒力因子的结构与功能、变异和流行病学特征、与宿主相互作用和致病性等不同层面，开展病原菌毒力因子和分泌系统的表达调控和毒力蛋白致病性的分子机制研究，阐明毒力因子与宿主细胞相互作用机理以及宿主应对病原菌毒力因子的免疫调控机制，系统阐释病原菌毒力因子和分泌系统的调控与致病机制，阐明不同毒力因子和分泌系统在病原菌致病及潜伏感染过程中的作用。

不同生境病毒组学研究。通过高通量测序技术和深度生物信息学分析技术，发现和挖掘不同生境（尤其是传染病高发区）病毒的组成、丰度及其分布规律；进行病毒的分离及构建，在细胞水平及动物水平开展未知病毒的特性分析；分析不同生境在传播疾病过程中的作用，获得各种生境（尤其是传染病高发区）中的疾病分布规律，建立环境病毒的宏基因组数据库；发现并鉴定一批新的病毒，为重要疾病的预防和控制提供预防和预警策略。

媒介昆虫和自然宿主传播病原规律及其机制研究。对已有的人畜重大传染病开展媒介昆虫和动物溯源研究，对媒介和自然宿主携带的病原开展病原谱研究。

例如，虽然目前已有充分证据表明蝙蝠是SARS病毒的源头，但有关SARS病毒如何在蝙蝠中进化产生、从哪里的蝙蝠种群中出现等问题还未得到解答。2017年，经过多年持续跟踪，中国科学家在云南省一处洞穴的菊头蝠种

图5-16　媒介昆虫——蚊子

群中，发现了SARS样冠状病毒的全部天然基因库，推测SARS冠状病毒的直接祖先可能是通过这些蝙蝠SARS样冠状病毒的祖先株之间发生的一系列的重组事件而产生的，表明我国仍存在类似SARS的新发冠状病毒病爆发风险。

图5-17　SARS溯源——蝙蝠

高致病性病原的时空动态模型研究。根据高致病性病原的流行特点和自然界分布状况，制订详尽的采样计划，在特定的时间和地点采样，根据采样地点的时间、温度、人员流动和公路运输

等信息建立高致病性病原传播的时空模型，对疾病的流行进行预测。

国际合作研究。加强与周边国家的合作，开展若干重要高致病性病原的跨境传播及防治策略研究，建立跨境传染病疫情监测体系，共同处置疫情。逐步建立我国高致病性病原传播的时空模型和由高致病性病原引起的疾病流行预测系统，阐明若干高致病性病原的跨境传播规律，提供跨境传播防治策略报告，建立跨境传染病疫情监测体系。

病原耐药演化规律研究。发现病原耐药相关的关键分子，并解析耐药产生和进化的分子机制；建立方便、快捷的耐药分析手段，动态监测病原耐药的演化规律；搜集病原自然突变株和诱发突变株，通过DNA高通量测序技术分析病原耐药突变靶点；根据转录组和蛋白质组等分析药物处理病原后对基因表达的影响，系统分析基因表达与病原耐药产生之间的关系，从基因突变和表达调控等角度阐述耐药产生和进化的分子机制；针对病原菌耐药分子机制，设计DNA/RNA和蛋白质等水平的耐药快速检测方法，并动态检测病原耐药发生情况，系统分析耐药演化规律。

第六章

栉风
沐雨

十多年前，面对SARS疫情，武汉国家生物安全实验室应运而生。历经十多年的风雨磨砺，武汉P4团队如今已兵强马壮，成长为一支集管理、技术、服务于一体的专业化队伍，并将以其独特而鲜明的优势，继续在国家生物安全科研中发挥骨干和引领作用。

国际合作预防和抗击新发传染性疾病。

① 钢铁之躯 十年磨一剑

近年来，随着全球化进程的加快以及生态、气候和环境的变化，世界范围内的新发传染性疾病时有爆发。2003年初，我国广东省首先发生传染性非典型肺炎流行。随后，广西、山西、北京等省（自治区、直辖市）也陆续发

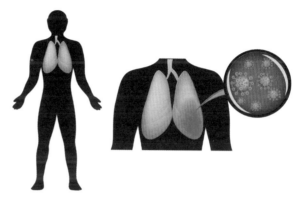

图6-1   SARS病毒

生SARS疫情。突如其来的疫情，严重威胁了人民群众的身体健康和生命安全，也影响了我国的经济发展、社会稳定和国际往来。

在这场令无数中国人至今都心有余悸的SARS危机之后，陈竺等22位院士联名向国务院提出了"以非典型肺炎防治为切入点，构筑我国预防医学创新体系"的建议。我国政府将建立新发传染疾病和生物安全防范体系提升至人类健康和国家安全的战略高度，决定启动包括四级生物安全实验室在内的国家高等级生物安全实验室体系建设，建设一个对国内外科学家有限开放的四级生物安全实验室及其辅助设施，形成一个能开展2—3种烈性传染性疾病病原研究和疫苗研制的相对独立的研究平台。并以此为依托，弥补我国公共卫生应急反应体系不完善、缺少有效技术支撑和药物储备的短板。从而在突发新发传染病来袭时，能主动、科学防控，构建未来应对新发疾病和生物防御的新常态，在我国重大新发传染疾病的预防和控制中起到基础性、技术性的支撑作

图6-2 美国加尔维斯敦P4实验室

用，同时有效提高我国对生物战争和恐怖袭击的防御和应变能力，维护国家生物安全。

2003年2月，时任中国科学院武汉病毒研究所（简称"武汉病毒所"）所长胡志红突然接到时任中国科学院副院长陈竺的电话，询问能否承担在武汉建设P4实验室的任务。

当时美国等发达国家已拥有四级生物安全实验室。

胡志红意识到，这对武汉病毒所调整学科方向、深入开展病毒研究以及维护国家生物安全是一个绝佳契机，当即表示将全力以赴，接过建设武汉国家生物安全实验室的重担，并积极寻求院地合作，按照"优势互补，互利互惠，共同建设，协同发展"的原则，与武汉市人民政府共同组成领导小组，通力合作，共同完成实验室建设任务。

图6-3 2004年9月3日，武汉国家生物安全实验室环境影响评估会议

经过两年多的方案论证、地址勘察、环境评价，至2005年4月30日，国家发展和改革委员会正式批复武汉国家生物安全实验室项目可行性研究报告，标志着项目正式立项。

同年6月27日，项目建设领导小组和项目工程经理部正式成立，陈竺亲自挂帅任领导小组组长，武汉病毒所副所长袁志明任总经理，富有多年基建项目管理经验的武汉病毒所副所长龚汉洲任总工程师，著名生物安全专家宋冬林任总工艺师，武汉病毒所财务处副处长周波任总经济师，此外还有来自中国科学院、武汉市政府、中国科学院武汉分

图6-4　2003年7月23日，中国科学院与武汉市人民政府签订武汉P4实验室共建协议

院、中国军事医学科学院等不同单位的专家和领导，为了建设这一具有里程碑意义的重大科学工程聚集到一起，汇聚成一支精干的领导团队。

2005年12月28日，武汉P4实验室所在的武汉病毒所郑店科研园区基础设施工程正式开工。

那时的郑店科研园区就是一片农田，人烟稀少。项目组人员就在水电不通的艰苦环境中，一面抓紧推进基础及配套设施的工程建设，一面潜心研究P4实验室的设计与施工方案。

就在P4实验室技术方案交流与讨论工作开展得如火如荼之际，国家颁布了新版《实验室　生物安全通用要求》（GB19489-2008），新的标准对实验室设计原则、设施设备技术参数做了更加严格的规定与要求。在这样的形势下，项目组不得不重新

图6-5　中法相关人员交流设计方案

调整实验室设计方案。这是一个艰难的过程，既要努力说服法国设计方接受我国的新标准，相应地修改设计方案，又要督促中国

设计方尽快吸收、消化法方设计方案，并将其转化成符合我国建设标准的设计方案。漫长的设计过程充满了争执、协商、修改和坚持，甚至 P4 实验室正式动工建设之后，还在修改完善设计方案，直至 2013 年 1 月，才通过了实验室设计方案的认证认可评审。

图6-6 2011年6月30日，武汉P4实验室举行奠基仪式

在陆续完成了为科研人员提供食宿服务的专家公寓楼，开展普通及二类、三类病原研究的生物安全楼，以及为实验动物提供饲养和观察环境的动物饲养室等配套设施的工程建设之后，2011年6月30日，武汉 P4 实验室在郑店园区举行了盛大的奠基仪式，标志着实验室建设正式起动。

在接下来的四年中，项目组众志成城，披荆斩棘，克服了一个又一个的技术难关，协调了一个又一个的意见分歧，完成了我国高等级生物安全实验室建设史上的一个又一个"率先行动"。

在施工建设的最后一年里，为了确保能在中法两国建交 50 周年之际完成实验室工程建设，项目组立下"军令状"，全力以赴，所有人员主动放弃周末休息，24 小时轮岗值守，随时解决突发状

图6-7　武汉P4实验室施工现场

况，最终保质保量地完成了项目建设。

2014年春节前夕，项目总经理、中国科学院武汉分院院长袁志明前往工地视察。那时，武汉P4实验室最核心的区域刚刚完成水泥地面铺设，工地的施工人员已返乡过节，为了确保水泥不产生裂纹，袁志明拎起水管进行浇水养护。在其带领下，我方工程管理人员全部动手参与，对600多平方米的水泥地面及时进行浇水，避免因寒冷导致地面破损影响工程质量。

2014年4月，正值实验室建设最终攻坚阶段，陈竺来到建设现场，对项目进展情况进行调研。他强调，该实验室是我国最高级别的生物安全实验室，该项目是我国研究和预防烈性传染病的主战场，是民生领域的"两弹一星"工程，是百年大计，希望建设各方能严格按照既定的施工进度表，保质保量地完成项目建设，确保这个高级别的生物安全实验室能够安全运行。2015年1月31日，武汉P4实验室物理设施与机电安装工程正式竣工，并

图6-8　武汉P4实验室竣工仪式

图6-9　武汉P4实验室鸟瞰图

举行了隆重的竣工仪式。

十年光阴如白驹过隙，望着庄严肃穆又不失美丽大方、达到国际顶尖水平的武汉P4实验室，每位项目组成员心潮腾涌，感慨万千，往事如电影画面般一幕幕掠过眼前。

这条十年之路走得太艰难，历经无数的坎坷与磨难，克服了设计、关键设备选购和制造、施工工艺、经费紧缺以及组织管理等方面的种种困难，经过长达十年的"孕育"，终于盼到了实验室"诞生"的这一天。虽然一路艰辛曲折，但大家依然走得义无反顾，因为我们坚信，付出总有收获，天道必定酬勤。

② 纵横捭阖

建设全球顶尖水平的四级生物安全实验室是国家安全的现实需要。四级生物安全实验室是从事致死率高、传播力强、目前尚无有效治疗手段的传染病研究的重要安全平台，其建设和运行需要遵循严格的规范和程序。

2004年1月，中法两国政府签署《关于开展新发疾病预防研究合作的谅解备忘录》。之后四年中，两国分别签署了《关于预防和控制新发传染病的合作协议》《关于预防和控制新发传染病的补充协议》《关于预防和控制新发传染病的合作协议的补充声明》三份合作

图6-10　2008年10月30日，中法实验室技术服务协议签字仪式

协议，规划和指导两国开展实验室建设、生物安全法律法规研究、人员培训和科研合作。

2004年，承担这一国家重大科技基础设施建设重任的中国科学院武汉病毒研究所在全球范围积极寻求合作伙伴，法国里昂高等级生物安全实验室以在人口健康、卫生及公共健康、流行病学等方面的优势以及功能、建设、管理、研究等领域的世界标杆地位脱颖而出，拉开了中法合作共同完成中国四级生物安全实验室建设项目的序幕。

为了执行协议，中法两国召开了八次会议，绘制出武汉P4实验室作为中国传染病防治基础研究与开发中心、烈性毒种保藏中心

图6-11　2016年6月16日，武汉P4实验室移交仪式

和世界卫生组织参考实验室的宏伟发展蓝图。

在2010年召开的第五次指导委员会会议上，领导小组中法双方主席均强调了新发传染病研究领域合作的重要性，中法两国的合作展示了双方在卫生领域的深入交流与合作，并充分显示了两国的友谊互信。在两国政府的大力支持下，双方有关部门通力合作，武汉P4实验室建设顺利推进。同时，中国卫生部部长陈竺与法国卫生部部长罗塞里尼·巴切洛特-纳尔奎因（Roselyne Bachelot-Narquin）联合签署了致世界卫生组织总干事陈冯富珍的信件，表明了将武汉P4实验室纳入世界卫生组织的合作实验室体系，并使之成为世界卫生组织的参照实验室的愿望。

图6-12 中国合格评定国家认可委员会授予武汉P4实验室认证认可证书

在2011年召开的第六次指导委员会会议上，正式宣布武汉P4实验室的法方建筑设计达到了中国相关标准和规定，通过了中国合格评定国家认可委员会（CNAS）的设计认证，标志着武汉P4实验室的建设工作将正式由设计阶段迈进施工阶段。

2014年4月29日，第八次指导委员会会议在武汉P4实验室隆重召开，这是实验室竣工前的最后一次指导委员会会议，再次强调了项目的进度与质量控制。

武汉P4实验室的建设一直备受中法两国国家领导人的高度关注。2014年，习近平主席访问法国期间，专程参观了位于法国里昂的梅里埃生物科研中心，并表示"武汉P4实验室是中法公共卫生领域合作的重要平台"。

2017年2月，法国总理贝尔纳·卡泽纳夫（Bernard Cazeneuve）一行访问湖北武汉，首站到访武汉P4实验室，为实验室剪彩并发表讲话。卡泽纳夫表示，法国为能够与中方成功建设中国第一个P4实验室而骄傲。疫情无国界，各国政府应共同应对近几年面临的埃博拉等一系列公共卫生危机。在武汉建设的四级生物安全实验室将成为我们应对新发疾病的桥头堡。法方将与中方一起在这里开展最高水平的科学研究以应对疫情。他感谢中方的努力付出，并希望中法两国未来能依托高等级生物安全实验室，在抗击新发传染病等领域开展更广泛的科研合作。

在武汉P4实验室建设过程中，还成立了由中法双方设计、工程管理、施工等单位组成的项目管理办公室，形成中法技术协调会机制，每月召开例会，沟通解决在建设过程中发现的技术问题。法国设计方还派出技术代表常驻工程现场，实时跟踪建设进展，严格把控施工质量。建设过程中项目组还多次与法国设计方远程沟通，及时反馈技术难点，让法国设计方指导现场施工人员。

图6-13   武汉P4实验室项目组成员在竣工仪式上合影

每一次的例会都是一次"国际论坛"，英语、法语、中文全场齐飞，协商、争论、拍案此起彼伏，但这些丝毫不会影响双方合作的目标，以及为之努力的坚定信念和动力。

武汉P4实验室的建设过程是一次中西方生物医学领域的高端合作，是国际科技合作的积极探索，更是一次中西方文化的集中碰撞。从项目立项到建成完工，在合作中协商，在协商下推进，苦中藏乐，笑中带泪，此间记忆将成为每位参与者一生中的珍贵典藏。

③ 铁军洪流　百炼成钢

图6-14　武汉国家生物安全实验室标识

图6-15　正压防护服——实验室人员的安全盔甲

一个高等级生物安全实验室的安全运行，除了要具备过硬的硬件设施外，高素质的运营、维护、支撑及管理团队也是不可或缺的。生物安全实验室从事传染性疾病病原的检测、研究、教学、诊断等活动，要特别注意防止发生实验室感染事件。

早在19世纪末就有关于实验室相关传染性疾病的记录，此后世界各地曾先后多次报道实验室感染事件，涉及的病原体包括细菌、病毒、真菌、寄生虫等多个种类。

2003年SARS疫情爆发，新加坡、中国台湾和北京相继发生实验室人员感染SARS病毒事件。痛定思痛之后，人们对实验室生物安全有了更加深刻的认识。

实验室生物安全不仅关系到实验室人员的健康，还关系到社会的稳定与安全。针对实验室的防护措施研究迫在眉睫。

有关研究证明，实验室人员的防护不到

位或者操作不当，是导致实验室感染事故的主要原因。防范实验室感染，必须十分重视实验室人员对生物安全的认识、态度，做到实验操作规范化。加强实验室人员的教育和培训是保证实验室生物安全的关键之所在。

根据中法合作协议框架，我们积极学习法国先进的生物安全管理理念与经验，并与法国国际合作中心（FCI）、法国卫生安全及健康食品监督署（AFSSAPS）、法国标准局（AFNOR）及法国医学与健康研究院（INSERM）签订联合培训协议，由法国国际合作中心牵头，为我方提供知识与技术培训。

自2008年以来，武汉病毒所先后9次派遣科研骨干共13人次前往法国接受实验室生物安全相关培训，其中6名科研骨干获得了法国里昂P4实验室的绿色通行证，3名管理人员获得了法国卫生安全及健康食品监督署颁发的生物安全实验室督查员资质证书，还与法方合作举办了6期生物风险评估、生物安全、实验操作等培训班。

截至2017年底，实验室已组织59人次完成了生物风险评估及管理办法、生物因子风险类别介绍、四级传染病原及相关疾病介绍、病原体可能的传播途径和环境因素、实验室获得性感染案例、生物安全法律法规、生物安保法规与保护措施、生物伦理、生物资源中的安全注意事项、实验室规范操作准则、消毒过滤方法验证及维修技术培训、四级生物安全实验室设施保护措施及生物安全规则、四级生物安全实验室动物设施的生物安全规则等培训。

我国相关管理部门和科研人员积极探索建立生物安全培训体系。国家卫生健康委员会、中国疾病预防控制中心、中国合格评定国家认可委员会、中国科学院等单位多次举办病原微生物实验室的生物安全管理培训班，以期为我国培训出一批专业、精干的高等级生物安全实验室科研、管理和维护团队。

　　近年来，我国在病原微生物实验室的管理方面已经取得了长足的进步，但也要看到，我国的实验室生物安全管理和研究尚处于起步阶段，与国际先进经验和技术相比仍有一定的差距。随着我国对生物安全工作的日益重视，我们将更加深入地探索先进的管理制度，培养更加专业的人才队伍，为科研工作者创造更加安全的实验环境。

④　从零到一

　　1886年，德国著名微生物学家罗伯特·科赫发表了关于霍乱病的实验室感染报告，这是全世界第一份关于实验室生物安全的报告。

　　20世纪五六十年代，欧美国家就开始关注实验室生物安全问题，世界卫生组织也认为生物安全是一个重要的国际性问题，因此，在1983年颁布了第一版《实验室生物安全手册》，1993年又颁布了第二版，2004年颁布了第三版《实验室生物安全手册》，并一直沿用至今。第三版在原有基础上，增加了对实验室生物安全的保障、重组DNA技术的控制、实验室人员的健康监测和急救等内容。

　　2003年，SARS疫情爆发后，我国颁布了《突发公共卫生事件应急条例》，该条例明确提出了严防传染病病原体的实验室感染、病原微生物的扩散和菌毒种保藏的要求，为今后实验室生物安全的法制建设奠定了基础，并且颁布了《传染性SARS型肺炎人体样品采集、保藏、运输和使用规范》，提出了菌毒种管理技术规范方面的具体要求。随后发布的《传染性SARS型肺炎实验室生物安全操作指南》进一步对实验室的生物安全管理提出了明确要求，这是我国最早出台的实验室生物安全法规之一。

　　2002年底，《微生物和生物医学实验室生物安全通用准则》出台，在管理职责、人员要求、设施设备、病原微生物的危害性评估等实验室生物安全方面制定了详细的行业标准。之后，我国实验室生物安全法律法规和技术规范的研究进入了快速发展的新阶段。

随着武汉P4实验室的建设，根据中法合作协议，我国在与法国国际合作中心、法国卫生安全及健康食品监督署、法国标准局及法国医学与健康研究院签订的联合协议中，同样涉及相关法律法规和标准引进的条款。该部分工作的主要执行人为法国卫生安全及健康食品监督署和法国标准局，中法双方共同成立"标准化委员会"。

在双方的共同努力和通力合作下，由武汉P4实验室科研人员主编的《中国生物安全法律法规标准英文汇编》和《法国生物安全法律法规选编》分别于2011年和2015年正式出版。这两份文献为推动我国生物安全法律法规及标准的研究编制工作

图6-16 《中国生物安全法律法规标准英文汇编》（左）《法国生物安全法律法规选编》（右）

及迈向国际先进行列做出了重要贡献。

在武汉P4实验室自身的管理规章制度建设方面，法方亦提供了全力支持，向我方移交了21份法国里昂P4实验室的英文版管理流程文件作为参考。以此为蓝本，武汉P4实验室进行了规章制度的编制工作，并在此基础上组织了一系列全方位演练活动，根据演练实况，对规章制度进行了修订和完善。目前已修订至第四版，并通过了中国合格评定国家认可委员会的安全防护体系和防护能力评审认证。在未来的运行中，我们将致力于规章制度的不断修订和完善，持续改进和提升标准。

⑤   微观世界的"诺亚方舟"

中国科学院武汉病毒研究所是专业从事病毒学研究和病毒保藏的综合性研究机构，拥有亚洲最大的病毒资源保藏库——微生物菌毒种保藏中心，以加强毒种保藏的标准化、毒种管理的规范化建设，实现生物资源保藏及分离鉴定的标准化、管理规范化为主要宗旨。

图6-17   中国科学院武汉病毒研究所大楼

武汉病毒所微生物菌毒种保藏中心已被纳入6个国家级菌毒种保藏中心规划之一，并被授予国际病毒资源保藏联盟核心成员资质，保藏有各类病毒1300余种，涵盖人类医学病毒、人畜共患病毒、畜禽病毒、昆虫病毒、植物病毒和噬菌体等，具有丰富的病毒资源收集、分离、鉴定、保藏、交流服务等相关经验。中心与世界最大的病毒保藏联盟机构有长期的良好合作，为国内外研究机构、大专院校及企业提供教学、研究材料等相关病毒资源服务。目前中心已全面实现数字化管理，建立了病毒敏感细胞库、病毒遗传资源库等13个病毒数据库及信息共享平台。

根据病原微生物对人体危害程度的不同，美国国立卫生研究

图6-18　中国病毒标本馆宣传画

院和美国疾病控制与预防中心最先将病原微生物划分为四个不同的危害等级，相应地将研究病原微生物的实验室分为四个生物安全等级。对于以气溶胶方式传播而致感染并危及生命的极危险病原，相应的病原研究、保藏工作应在四级生物安全实验室中进行。美国、法国、德国、俄罗斯、澳大利亚和英国的四级生物安全实验室都保藏有高致病性病毒。

武汉病毒所将以武汉P4实验室为平台，参考生物安全实验室的国际发展趋势，消化吸收中法国际合作经验，利用武汉P4实验室的设施和技术优势，分析我国目前生物安全实验室运行管理标准的特点以及存在的不足，制定具有中国特色、符合国际标准的四级生物安全实验室安全管理、关键设施设备、人员培训和实验活动的生物安全标准规范。并搭建国家级病毒病原保藏机构和平台，建立功能完备的病毒资源与应用平台，建立标准化病毒资源及数据库信息全球共享机制，为满足对新发疾病病毒和烈性病毒进行研究的国际需求提供具有统一标准、质量可靠的参考毒种及生物材料，为建立国际性生物安全标准化管理和保藏机构运行规范提供技术支撑。

接下来，武汉病毒所将以"保藏基础，技术规范，质量保

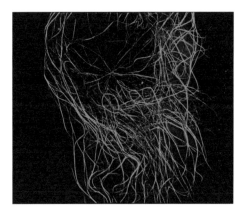

图6-19　流感病毒侵染细胞

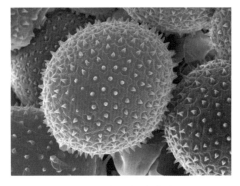

图6-20　大豆锈病菌孢子

证，资源共享"为指导思想，通过对国际菌种保藏法律法规的调研，了解国际菌种相关法案的要求、细则和具体注意事项；通过对保藏机构作用和特点的调研，了解菌种保藏的相关定义、菌种分类及应用；通过对菌种保藏技术的调研分析，掌握菌种保藏的相关技术与方法应用情况。尽快建立病毒资源国际保藏相关标准，针对病毒资源实验室繁殖培养、长期保藏等摸索、建立并改进新的技术及标准，开辟一条以国际公认质量为基准的产品认证及推广的高端可靠渠道，有效推进我国病毒资源相关国际质量管理体系标准的建立与认证，为国内外抗病毒药物、疫苗等病毒相关生物技术产业发展和科学研究提供重要的行业标准。

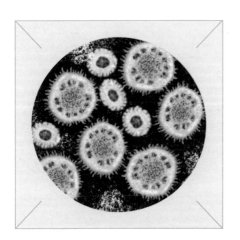

第七章

中国智慧

　　传染病无国界。在全球化日益加深的背景下，任何一个国家在传染病防控方面都不可能独善其身。

　　近年来，伴随着创新能力提升和众多技术突破，"中国智慧"在全球传染病防控体系中发挥着举足轻重的作用。

没有硝烟的战争。

① 追踪SARS元凶

（1）SARS十五年

2002年底，中国广东等地出现了多例原因不明的危及生命的呼吸系统疾病。随后，越南、加拿大和我国香港等地也先后报道了类似病例。截至2003年7月31日，在短短8个月的时间内，SARS横扫世界32个国家和地区，感染者达

图7-1　SARS来袭

8096例，死亡774例，病死率达9.6%。世界卫生组织将此类疾病命名为"严重急性呼吸道综合症（SARS）"，中国媒体将之简称为"非典"。

随后，世界各国的实验室都致力于寻找这种疾病的病原体。我国香港大学最先于2003年3月22日宣布分离出一种未知的冠状病毒。随后，有多个实验室在《新英格兰医学期刊》（*NJEM*）、《柳叶刀》（*The Lancet*）等国际知名医学杂志上发表了关于该病原体的研究论文。2003年4月12日，加拿大BC肿瘤研究所基因组科学中心（BC Cancer Agency's Genome Sciences

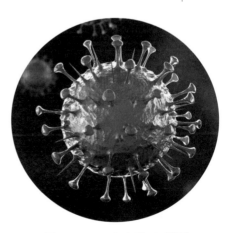

图7-2　SARS病毒3D模型

Center）首先完成了该病毒的全基因组测序。2003年4月16日，世界卫生组织在上述各项研究成果的基础上，正式宣布一种前所未知的冠状病毒，为导致严重急性呼吸道综合症的病原体，并将之命名为"SARS冠状病毒（SARS Coronavirus，SARS-CoV）"。

（2）SARS追踪

2003年初，广东省发现4例SARS散在病例，流行病学调查结果显示他们均无明显传染源。那么SARS病毒从何而来？为此，科学家们一道对SARS病毒的来源进行"地毯式"查寻。溯源的范围涉及人和100多种动物，主要工作包括三个方面：人群的调查研究、家畜的调查研究和野生动物的调查研究。

2003年5月23日，深圳市疾控中心和香港大学在深圳召开新闻发布会，宣布溯源工作取得重要进展，SARS病毒很可能来自饭桌上的美味——果子狸。香港大学的研究人员在6只果子狸身上发现的3株SARS样病毒和从病人身上分离出的SARS冠状病毒大体相似，对其中1株SARS样病毒进行了基因全序列测定，分析显示：SARS样病毒与人类SARS冠状病毒有99%以上的同源性。其他分析也显示，两种病毒有一定的相关性。

图7-3　果子狸

为了避免小样本调查可能造成的误差，国家诸多科研机构对各省的果子狸进行广泛采样，其中中国科学院武汉病毒研究所在湖北果子狸养殖场的多只果子狸的不同组织中发现了类SARS冠状病毒，并且在其中一只果子狸身上查到的冠状病毒和加拿大多伦多SARS病人中发现的冠状病毒高度相似。自此，很多科学家认为果子狸可能是SARS冠状病毒的重要动物宿主。

就在人们渐渐将"果子狸是SARS冠状病毒的重要动物宿主"等同于"果子狸就是SARS冠状病毒的来源"时，不同的研究结果又出现了。2004年4月，研究人员在广东省防治SARS和禽流感科技攻关工作会议上报告说，他们又在貂、猫、田鼠和狐狸身上发现了SARS病毒。此外还有研究发现，广东省994个野生动物市场销售人员中有105人带有抗SARS病毒的抗体，而123个果子狸饲养人员中仅有4人携带SARS病毒抗体。这些都表明果子狸不是SARS病毒来源的唯一元凶，人类SARS病毒也可能来自其他野生动物。

尽管人们把SARS病毒的来源锁定在野生动物上，但仍然不能确定是何种动物，科学家们开始把视线投向了"臭名昭著"的蝙蝠身上。迄今为止，研究人员已在蝙蝠体内分离得到80多种病毒，其中一些是多种重大人兽共患疾病的传染源，给人类公共健康和生物保护带来威胁，如亨德拉病毒、尼帕病毒、埃博拉病毒、马尔堡病毒等。那么SARS病毒是否也来自蝙蝠？

（3）揭示幕后"元凶"

SARS爆发后，武汉病毒所研究人员联合来自澳大利亚、新加坡和美国的科学家们开展深入研究，将SARS病毒溯源集中在蝙蝠身上。

从2004年3月开始，研究人员在广西、广东、湖北和天津四个地区，采集3个科6个属9个种共408只蝙蝠的血清、咽拭子和肛拭子样本，做了SARS冠状病毒抗体和基因的检测。来自广西的46只皮氏菊头蝠有13只检测出SARS冠状病毒抗体阳性，阳性率28.3%，30份肛拭子有3份基因阳性，6只菲菊头蝠有2只抗体阳性。来自湖北的7只大耳菊头蝠有5只抗体阳性，8只马铁菊头蝠

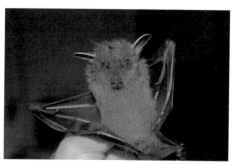

图7-4   左：犬蝠，右：中华菊头蝠

和8只大耳菊头蝠的肛拭子各有一份基因阴性。广东未采集菊头蝠，只采集了犬蝠，抗体和PCR（聚合酶链式反应）均未检测出阳性，并且所有咽拭子的PCR均未检测出阳性。

经过半年多的实验，研究人员在新病毒的分离、鉴定、检测技术、基因组和基因功能等研究中取得了一系列重要科研成果，在菊头蝠属的4个种里发现SARS病毒抗体和基因。基因序列分析表明，蝙蝠SARS样病毒与人SARS冠状病毒基因组序列同源性达92%，为SARS冠状病毒动物溯源提供了新的科学证据。该结果2005年发表在国际著名学术杂志《科学》（Science）上，受到同行高度关注。

尽管蝙蝠被认为是这两种病毒的自然宿主，然而，人们尚未成功从蝙蝠中分离发现SARS冠状病毒的始祖病毒。目前已从中国、欧洲和非洲的蝙蝠分离到多种SARS样冠状病毒，但是，由于这些病毒与SARS冠状病毒在系统进化上的差异以及其纤突蛋白（spike proteins）无法结合SARS冠状病毒感染人类所利用的细胞受体分子——人血管紧张素转化酶II（ACE2，即人SARS病毒受体），因此它们并不是SARS冠状病毒的直接始祖。

之后，武汉病毒所研究人员与来自澳大利亚、新加坡和美国的科学家们组成一个国际研究小组，通过不懈努力，为"菊头蝠是SARS冠状病毒的自然宿主"这一观点提供了迄今为止最有力的证据。该研究结果发表在 2013 年 10 月 30 日的《自然》（*Nature*）杂志上。

研究人员报道了两株分离自中国云南菊头蝠的新型蝙蝠冠状病毒的全基因组序列：RsSHC014 和 Rs3367。这两株病毒远比先前发现的其他蝙蝠冠状病毒更加接近 SARS 冠状病毒，尤其是其纤突蛋白的受体结合域。最为重要的是，他们通过非洲绿猴肾细胞首次从蝙蝠排泄物中分离得到活的 SARS 样冠状病毒——bat SL-CoV-WIV1，该病毒株具有冠状病毒的典型特征，其序列与 Rs3367 的相似度达到 99.9%，

图 7-5　研究团队在非洲采集蝙蝠样本

并且可通过人类、果子狸及中华菊头蝠的 ACE2 入侵宿主细胞。初步体外测试表明，WIV1 具有广谱的物种嗜性。

该研究结果为"菊头蝠是 SARS 冠状病毒的自然宿主"这一观点提供了迄今为止最有力的证据，还证明了部分 SARS 样冠状病毒无须经由中间宿主就可感染人类。这一研究也凸显了以高危野生动物群体为目标，探索发现新兴病原体的重要性。这一策略可在新发疾病研究中发挥重大作用，并可作为预防大规模流行病的重要措施，为人类了解并防范致命病毒做出巨大贡献。

❷ 中东呼吸综合征阻击战

（1）"新非典"

事情发生在红海之滨的沙特阿拉伯吉达市。2012年6月，一名60岁男子因为发烧、咳嗽和气短入院。入院时他已经发烧7天，11天之后，他因为进展性呼吸和肾衰竭而死亡。

图7-6　MERS病毒宿主为骆驼

患者所在的索里曼·法基博士医院（Dr. Soliman Fakeeh Hospital）病毒学实验室的阿里·扎基（Ali M. Zaki）博士开始寻找这名男子患上呼吸疾病的原因。他先后检测了甲型流感病毒、乙型流感病毒、副流感病毒、肠道病毒和腺病毒，均呈阴性。

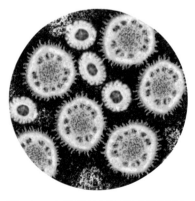

图7-7　电镜下的MERS病毒粒子

最终，扎基发现它可能是一种新型的冠状病毒。他把病毒样本送到荷兰鹿特丹伊拉斯姆斯大学医学中心（Erasmus Medical Center）。荣·费奇（Ron Fouchier）教授对这种病毒的RNA进行检测后，证实它确实是一种以前没有见过的冠状病毒，研究人员将该种病毒称作HCoV-EMC/2012。

第二例感染者是一名49岁的卡塔尔

人，他曾于2012年七八月间到沙特阿拉伯旅行，但并没有证据显示他与第一名患者有过接触。他在2012年9月初开始出现呼吸疾病，并发展成肺炎，然后在多哈入院治疗。后来他的病情进一步恶化，转至英国治疗。医生们始终无法确定他究竟因何发病，直到他们看到第一例新型冠状病毒的报告，对患者做了检测，才确认他也感染了这种病毒。

　　2013年5月23日，世界卫生组织通报，自2012年9月以来，全球共向世界卫生组织通报了44例感染此类新型冠状病毒的确诊病例，其中22例死亡，死亡率高达52%。世界卫生组织将此类新型冠状病毒感染命名为"中东呼吸综合征（Middle East Respiratory Syndrome, MERS）"。

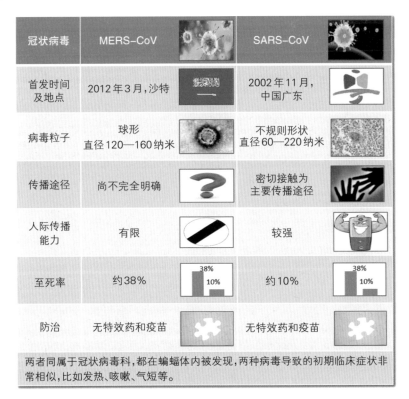

冠状病毒	MERS-CoV		SARS-CoV	
首发时间及地点	2012年3月，沙特		2002年11月，中国广东	
病毒粒子	球形直径120—160纳米		不规则形状直径60—220纳米	
传播途径	尚不完全明确		密切接触为主要传播途径	
人际传播能力	有限		较强	
至死率	约38%		约10%	
防治	无特效药和疫苗		无特效药和疫苗	

两者同属于冠状病毒科，都在蝙蝠体内被发现，两种病毒导致的初期临床症状非常相似，比如发热、咳嗽、气短等。

图7-8　MERS和SARS比较

中东呼吸综合征冠状病毒是第6种已被发现的人类冠状病毒，同时也是10年来被科学家分离出来的第3种。冠状病毒属冠状病毒科。分析中东呼吸综合征冠状病毒与SARS冠状病毒的基因组序列发现，它们的基因组相似性约为55%，所以中东呼吸综合征还被称为"新非典"。

如今，这种小小的病毒已从中东地区蔓延至全世界。截至2017年6月13日，世界卫生组织共通报了2015个确诊的中东呼吸综合征冠状病毒感染病例，其中包括至少693个死亡病例。这些病例大多出现在阿拉伯半岛，但远离中东的20多个国家和地区也出现了病例，包括法国、马来西亚等国，甚至还有发生在美国印第安纳州的病例。2015年5月，一位中东呼吸综合征患者从韩国抵达广东惠州，引起国人广泛关注。

（2）中东呼吸综合征病毒从何而来

随着病例数不断攀升，科学界急需弄清楚：中东呼吸综合征病毒从何而来？在自然界中存在于何处？为何现在出现？这种病毒是否可以人传人？

几乎可以肯定的是，中东呼吸综合征的起源是一人或多人从动物身上感染病毒，但科学家不清楚这种情况继续发生的可能性有多高。

寻找答案迫在眉睫。

中东呼吸综合征是一个令人恐惧的例子，显示了卫生专家们所说的新发传染病的威力。这类传染病是由突然进入人体的病毒或其他微生物导致的。很多类似疾病都是"通过动物传染的"，意味着这些病毒通常由动物携带，但以某种方式跨物种进入了人体。

据一些科学家估计，由病毒感染引起的人类疾病，约有60%来自动物。动物有向人类传播病毒的悠久历史——通常是通过唾液或排泄物。艾滋病大概是其中最著名的，它是由黑猩猩传给人类的。

如今，愈来愈多的病毒出现跨种传播的迹象。

病毒出现跨种传播主要有两个原因，一方面是病毒变异导致的结果。由于地球环境不断发生变化，适者生存，病毒也要不断地进化、发生突变来适应环境。另一方面是由于人为的原因。我们人类活动的范围越来越大，与动物的接触也越来越频繁，它们携带的原来与人类无关的细菌和病毒也发生变异，寻找新寄主。

就中东呼吸综合征冠状病毒而言，早前的研究认为，骆驼是病毒的宿主，因为骆驼一直被中东居民当作肉类、奶类、兽皮的主要来源和运输工具。然而，越来越多的研究证明，蝙蝠才是中东呼吸综合征冠状病毒的终极宿主。

科学家推断中东呼吸综合征冠状病毒是由蝙蝠传给单峰骆驼的。作为中间宿主，单峰骆驼可能在中东呼吸综合征冠状病毒传播中扮演着"帮凶"的角色。

(3) 狙击中东呼吸综合征

十多年来，从SARS到超级细菌，从禽流感到中东呼吸综合征……历经考验的中国应对突发性传染病的防控、应急以及管理能力都有了很大提高，并开始主动备战。

中国科学院微生物研究所高福院士团队和复旦大学基础医学院姜世勃教授团队早在2012年就开始关注中东呼吸综合征病毒发展，当时该病毒全球受感染者只有9人。

2013年，高福带领的研究团队阐明了中东呼吸综合征冠状病毒侵入宿主细胞的机制，并于2014年推测认为该病毒或起源于一种蝙蝠冠状病毒HKU4，而骆驼则是其中间宿主。在这些研究基础上，微生物研究所的科学家们还开发出了靶向中东呼吸综合征冠状病毒刺突蛋白受体结合结构域的人源中和抗体4C2和2E6。在体外两种抗体都能够高效阻断病毒的入口。

2013—2014年，姜世勃研究团队设计和检测了抗中东呼吸综合征的多肽——HR2P，发现HR2P能有效地抑制中东呼吸综合征冠状病毒对不同细胞的感染。随后，姜世勃团队对HR2P的序列进一步优化，获得一个新多肽——HR2P-M2，其结构稳定性、水溶性、抗病毒活性及广谱性都大大提高。动物模型实验结果表明，HR2P-M2具有非常好的体内抗中东呼吸综合征冠状病毒的作用，可保护动物免受致死剂量中东呼吸综合征冠状病毒的攻击。该多肽还可以鼻腔喷雾法给药的方式用于高危人群的紧急预防。另外，多肽HR2P-M2也可用于中东呼吸综合征冠状病毒感染者，可大大降低感染者释放病毒颗粒的数量，从而达到控制传染源的效果。

2015年，姜世勃团队联合研发了对中东呼吸综合征冠状病毒具有高抑制活性的全人源单克隆抗体（m336），动物实验非常有效，目前已成为中东呼吸综合征冠状病毒最好的候选治疗药物之一。

③　抗击埃博拉　全球共行动

（1）死神使者

埃博拉，人类历史上致死率最高的病毒之一。自1976年在苏丹南部和刚果民主共和国的埃博拉河地区被首次发现后，几十年来，它如同死神的使者，在非洲大陆时隐时现。埃博拉病毒具有强烈的致病性，其生物安全等级为四级（级数越高，需要的防护措施越严格，艾滋病病毒与SARS病毒均为三级），在

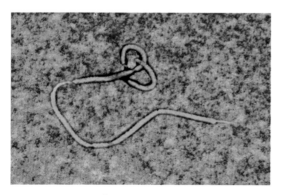

图7-9　埃博拉病毒

以往的疫情中病死率从25%到90%不等，但自病毒发现以来到2014年前未造成大范围流行。

2014年，它再次现身西非，快速蔓延的疫情超乎了人们以往的想象，它的触角还伸向了美国、欧洲和南亚。这是埃博拉病毒有史以来引发的最大的一次疫情，已经造成2.5万以上的人感染，超过1万人死亡，其中塞拉利昂死亡人数超过3800。全球的公共卫生安全面临巨大的威胁和考验。由于该病毒的超强致死率，被视为生物恐怖主义的工具之一。对于埃博拉病毒，目前尚没有获得许可在临床应用的疫苗，也没有特效的抗病毒药物。

（2）全球抗击

埃博拉疫情一度被世界卫生组织宣布为"国际关注的突发公共卫生事件"，受疫情影响的主要是西非国家，但面对埃博拉病毒，世界各国都难以独善其身。

在世界卫生组织号召下，各国开展了大量工作支持西非应对埃博拉疫情，我国在其中扮演了重要角色。为了积极配合国际援助西非防控埃博拉疫情，2014年9月，我国政府先后派出了以中国疾病预防控制中心、中国军事医学科学院和中国医学科学院为主的中国援非抗埃检测队、医疗队和公共卫生培训队等上千人，运用长期积累的疾病监测、发现与控制、实验能力和经验，在西非塞拉利昂持续工作10多个月，协同开展埃博拉疑似病例的检测、诊疗以及相关培训工作。同时还为利比里亚、塞拉利昂、几内亚等国培训了上万名卫生和检疫人员。

此外，我国在利比里亚援建的配有上百张床位的诊疗中心、在塞拉利昂援建的固定生物安全实验室等，对于抗击埃博拉病毒意义非凡。

2014年9月，在西非埃博拉疫情最为危急之际，高福带领中国疾病预防控制中心移动实验室团队毅然奔赴塞拉利昂，与当地人民一同展开与病魔的斗争。

在塞拉利昂工作期间，研究人员累计监测血液样本 1635 份，收治、留观病例 274 例。他们的工作不仅极大地帮助了塞拉利昂人民，也为控制埃博拉疫情的蔓延做出了巨大贡献。

"病毒没护照，传播无国界。"中国科技和医疗团队援助西非抗击埃博拉病毒的经历不仅贡献了中国智慧，也从中汲取了在海外防控传染病的经验。

（3）埃博拉病毒的防治

2014 年 10 月下旬，世界卫生组织总干事陈冯富珍在华盛顿联合国基金会举行的记者会上表示，埃博拉病毒被发现已近 40 年，此次疫情是最严重和最复杂的。世界卫生组织表示，2015 年初会将埃博拉疫苗提供给饱受埃博拉病毒困扰的西非地区。

而在此前的 8 月 9 日，中国宣布已掌握埃博拉病毒抗体基因，同时具备对埃博拉病毒进行及时检测的诊断试剂研发能力。9 月 3 日，中国疾病预防控制中心表示，中国已成功研制出埃博拉病毒检测试剂盒，并将使用该试剂在塞拉利昂开展病毒检测工作。

2014 年 12 月，中国人民解放军军事医学科学院科研团队在以往研究的基础上，启动了新型疫苗研究，该疫苗通过国家、军队的联合评审，并将开展临床试验。这是世界上第三个进入临床试验的埃博拉疫苗，也是全球首个 2014 基因突变型埃博拉疫苗。

2015 年 4 月，中国人民解放军军事医学科学院基础医学研究所等联合攻关研制的 MIL77 抗体药物（全名为"重组抗埃博拉病毒单克隆抗体联合注射液"）在英国成功治愈 1 名确诊的埃博拉病毒感染者——25 岁的英国女兵安娜·克罗斯，另有 2 名从疫区回到英国的高危疑似感染者使用这种药物进行预防性给药治疗后解除隔离。这个项目不仅创造了抗体药物研发生产的"中国速度"，还是中国国产抗体药物首次成功应用于西方发达国家患者。

2015年8月，中国科学院武汉病毒研究所新发传染病研究中心开发研制出了具有自主知识产权的埃博拉病毒快速检测试纸条和埃博拉病毒抗体ELISA检测试剂盒，并在法国里昂P4实验室获得验证。其中快速检测试纸条可以在15分钟内快速检测埃博拉病毒。

④ 流感控制　天网恢恢

（1）流感

流感，即流行性感冒，它和普通感冒一样都被冠以"感冒"一词，因此很多人将两者混为一谈。它们有很多相似症状，甚至一些医生一开始也会把流感患者当作一般感冒患者来治。但流感绝非严重的感冒，更不是"流行起来的感冒"，这个误会不知耽误了多少生命。

流行性感冒，顾名思义，显著特点是具有季节性、流行性，而冬春季是其最容易肆虐的时候。和普通感冒一样，它也是一种呼吸道传染病，但与普通感冒较为温和的症状和病程相比，流感的传染性及症状是普通感冒"望尘莫及"的。引起流感的罪魁祸首是流感病毒，它是一种带包膜的RNA病毒，可通过空气飞沫传播，例如一声咳嗽可以散播10万个病毒，一个响亮的喷嚏更是会释放出100万个病毒，并以超过150千米的时速将其喷射至6米开外的地方。另外，被病毒污染的餐具、家具甚至门把手都可成为间接传染源。流感就这样一传十、十传百，极易引起爆发性的流行。

"人流感""禽流感""猪流感"的构词是一致的，即指在特定的群体中传播的流感。禽也好，猪也罢，归根到底是流感，它们的病原体同属于正黏病毒科旗下，即流感病毒。但这并不意味着禽流感只能在禽鸟中传播，随着病毒的变异，人、猪、狗等哺乳动物体内都曾检测出禽流感病毒，H7N9禽流感就是人感染禽流感的证据。

根据内部蛋白抗原性的不同，流感病毒可被分为甲（A）、乙（B）和丙（C）三种类型，其中乙型和丙型流感病毒通常仅引起局限性流行或散发。甲型流感病毒变异性强，多寄生在野生禽类体内，由于感染能力强，较容易引起小规模爆发，甚至世界性大流行。

流感病毒颗粒外面包裹着一个双层的脂质膜，像刺猬一样，膜上有一些突起，即病毒的蛋白抗原，其中血凝素（HA）和神经氨酸酶（NA）分别具有不同的亚型。这就好比衣服上的花纹，科学家就靠这些"花纹"来给病毒分类。对于甲型流感病毒，迄今至少发现了16种HA亚型（H1—H16）和9种NA亚型（N1—N9），通过这两种蛋白质的不同组合将病毒分成不同的亚型，其中H5和H7亚型具有高致病性，我们常说的H7N9、H5N1正是由此而来。

在流感病毒感染宿主细胞的过程中，HA扮演着"摧城拔寨"的先锋角色。它先与细胞膜上的受体结合，并在细胞膜上打开一个通道，让病毒长驱直入。接着病毒会反客为主，将细胞改造成病毒加工厂，以自身为模板，生成一群新病毒。然后在NA的帮助下，子代病毒脱离"老巢"，奔向下一个目标。

来自动物的流感病毒获得人际传播能力，一直是病毒学家关注的重点。不过禽流感想要建立人际传播的能力，需要突破多种限制因素。现在已知自然界存在的H5和H7型禽流感病毒均未发现人际传播的病例。当然，一旦病毒发生了变异，则是另一种情况了，达摩克利斯之剑已然悬起。

（2）飞鸟威胁

1878年：意大利有鸡群大量死亡。1955年，科学家首次证实其致病病毒为甲型流感病毒。此后，这种疾病被正式命名为"禽流感"。

1997年：中国香港报告了全球首个人感染H5N1禽流感病毒死

亡的病例，死者是个3岁男孩。在那次的禽流感爆发中，共有18个人受到传染，6人死亡，150万只鸡被扑杀。

2003年：短短几周，荷兰共有约900个农场的1400万只家禽被隔离，1800多万只病鸡被宰杀，且有80人感染了禽流感病毒，其中1名57岁的兽医死亡。此后，H7N7禽流感蔓延至整个欧洲。

2013年：在中国上海和安徽两地率先发现的H7N9禽流感是全球首次发现的新亚型流感病毒，中国大陆共报告132例人感染H7N9禽流感确诊病例，其中死亡43人。

2015年：中国台湾省9个县市，共192家养殖场因疑似疫情送检，总计在养数量77万只，其中142家养殖场确诊感染H5亚型禽流感（H5N2、H5N8）。

……

禽流感已成为一种全球性的威胁。

（3）破解奥秘

禽流感溯源和跨种传播机制研究是流感疫情科学预判和科学防控的基础。针对禽流感这一新发传染病，我国科学家积极承担了传染病防治的重大专项任务，积极研究和防控禽流感疫情，取得了令人瞩目的成绩。

世界卫生组织在其《人感染H7N9禽流感防控联合考察报告》中表示："中国对H7N9禽流感疫情的风险评估和循证应对可作为今后类似事件应急响应的典范。"

《自然》杂志专门发表文章，称赞中国具有同美国一样的快速发现并确认新发传染病病原的能力。

自2005年报道青海湖野鸟爆发H5N1禽流感研究（成果发表于《自然》杂志）以来，中国科学院微生物研究所深入开展流感病毒的系统研究工作，包括病毒溯源、生物信息学分析、流感病毒重要蛋白的功能与结构解析、流感病毒数据库建设等，并不断取得重要进展。

2013年4月初，中国科学院微生物研究所对H7N9禽流感病毒进行基因溯源研究显示，H7N9禽流感病毒基因来自于东亚地区野鸟和中国上海、浙江、江苏鸡群的基因重配。而病毒自身基因变异可能是H7N9型禽流感病毒感染人并导致高死亡率的原因。团队解析了两个H7N9毒株的血凝素蛋白及其突变体与受体类似物的复合结构，提示了2013年春天以来爆发的H7N9禽流感病毒具备"有限的人际传播能力"。

2013年9月，中国科学院生物物理所、武汉病毒所及其合作者描绘出了新型H7N9病毒的详细起源和进化路径，发现这一病毒的产生至少经历了两次连续的重配。基于更丰富全面的禽流感监控数据，他们不仅对H7N9病毒的基因多样性进行了细致分类，还准确地识别出了H7N9病毒起源的中间病毒及重配发生的宿主，从而描绘出了相对详细的H7N9病毒起源路径。

此外，中国科学院微生物研究所自2014年开始，对中国16个省份和地区的39个市县的禽流感病毒流行状况进行持续监测。结果表明，中国北方地区以H9N2为主，长三角地区、华中地区及华南地区存在一定比例的H7N9。而在长三角地区以南，H5N6逐渐成为优势流行毒株。H7N9和H10N8病毒都具有家禽H9N2病毒的元件，对于源自野生鸟类的禽流感病毒来说，携带H9N2的家禽相当于一个孵化器，因此扑杀携带H9N2的家禽是阻止人类被禽流感病毒感染的有效手段。

⑤　双拳出击　抵御寨卡

（1）来自蚊子的寨卡病毒

2015年以来，开始于智利、巴西等国家的寨卡疫情在美洲地区迅速蔓延，目前已经有35个国家和地区有本地感染病例报告，

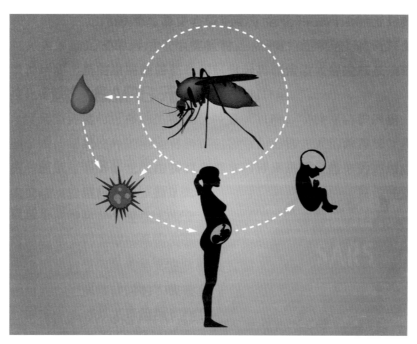

图7-10 寨卡病毒感染过程

该病的传播引起全球广泛关注。

　　寨卡病毒似乎是近两年才逐渐流行起来的，然而它可不是什么新鲜事物。实际上，1947年，它在非洲就被认知了。寨卡，即Zika，乌干达语杂草的意思。1947年，科学家在乌干达抓了一些猴子准备用于研究黄热病，发现其中一只猴子出现发热症状，而这只猴子就是最初分离出寨卡病毒的个

图7-11 寨卡病毒3D打印模型

体。这些猴子聚居的杂草丛就被用来命名这种病毒。

（2）疫情再现

寨卡病毒为何沉寂多年后爆发出来？因为最开始，寨卡病毒的感染者并不多，只是出现发热、头疼、皮疹等症状，然后自然好转，当然引不起关注。现在，寨卡病毒感染者数量在以史无前例的速度增加，全球发病例数早已破万，同时出生了大量的小头症新生儿——短短半年，上报超过4000例——才使得它引起世人关注。

寨卡疫情自2015年在美洲爆发以来，已有69个国家和地区报告蚊媒传播寨卡病毒，美国、法国、德国、新西兰等11个国家均发现了寨卡病毒人际传播的证据。寨卡疫情传播速度之快令各方始料未及。

2016年2月1日，世界卫生组织召开紧急会议，宣布寨卡病毒的爆发和传播已成为全球紧急公共卫生事件。理由有三：第一，它的传播速度很快以及埃及斑蚊在全球的广泛分布；第二，没有疫苗，缺乏有效的针对性诊断检测手段；第三，新发感染国家无免疫能力。

寨卡病毒感染者中，只有约20%会表现轻微症状，如发烧、皮疹、关节疼痛和结膜炎等，症状通常不到一周即可消失。然而，如果孕妇感染，胎儿就可能会受到影响，导致新生儿小头症甚至死亡。

（3）寨卡病毒防治

前面说过，寨卡病毒首次被人类发现是在1947年。70年过去，能有效应对寨卡病毒的疫苗始终未被研发出来。2016年2月12日，世界卫生组织的专家表示，距离预防寨卡病毒的疫苗面世至少还需要18个月的时间。

2016年3月，中国科学院武汉病毒研究所与深圳出入境检验检疫局密切合作，克服血清量少的困难，通过接种C6/36蚊子细胞，经过3次传代，成功分离得到寨卡病毒毒株，血清样本来源于从萨摩亚入境我国深圳的患者。

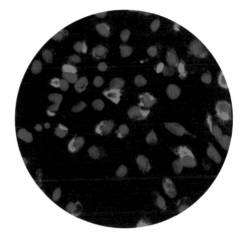

图7-12 寨卡病毒（绿色）感染蚊子细胞

2016年5月，中国军事医学科学院微生物流行病研究所联合其他合作单位，在世界上首次证实寨卡病毒感染可以直接导致婴儿小头畸形的发生，并首次在世界上报道了从寨卡病例尿液中分离寨卡病毒及其全基因序列。

2016年12月，中国科学院微生物研究所在研发寨卡病毒治疗性抗体方面取得新进展，率先找到高效、特异性人源寨卡病毒治疗性抗体及其机制，该抗体在小鼠模型上能有效治疗寨卡病毒感染，有望成为治疗寨卡病毒感染的候选药物。

2017年1月，中国疾病预防控制中心病毒病预防控制所成功研制出寨卡病毒荧光定量PCR检测试剂，目前已分发给全国省级、计划单列市疾控部门以及中国重要口岸检疫部门，用于对寨卡病毒病的筛查和诊断。

第八章

生物安全
联合舰队

武汉四级生物安全实验室是国家重大科学基础设施，是总体国家安全保障的关键基石，是生物安全科技支撑体系的国之重器，是人民健康幸福生活的安全城堡。

中国建成最高等级生物安全实验室，是对世界各国科学和技术的支持，是对国际合作与共享的责任，是对维护全球安全与和平的承诺。

武汉 P4 实验室致力于维护人民身体健康和世界和平。

　　高等级生物安全实验室是从事高危生物风险因子研究所必需的基本条件，四级生物安全实验室是目前世界上安全等级最高、技术和设备要求最复杂、维护和管理最严格的生物安全实验室。长期以来，国际社会一直将四级生物安全实验室的建设和运行作为重要的生物安全和生物防御保障平台，是开展生物安全科学研究、技术研发、防控策略制定的核心硬件基础。四级生物安全实验室的建设和运行已经成为我国的战略需求，是维护国家安全、提升我国应对突发公共卫生事件和生物防御能力、实施国家全球发展战略的重要保障。

图8-1　武汉P4实验室外景

　　我国将依托以四级生物安全实验室为核心，以三级生物安全实验室为支撑的，全国唯一可开展不同防护等级病原研究，可实现全尺度生物成像的生物安全团簇平台——武汉P4实验室，整合中国科学院、高校和创新性产业优势力量，建设

图8-2　武汉P4实验内景

和运行世界一流的生物安全大科学装置和团簇平台，为中国的生物医药、高端装备产业发展提供强大发展动力。

① 生命战线的钢铁长城

中国科学院将整合现有的高等级生物安全设施，联合国家卫生健康委员会和湖北省人民政府，集中传染病研究领域的优势力量，培养设施运行维护、技术研发和科学研究队伍，提供研究四级病原的支撑服务；设立重点突破方向，部署并启动一批交叉科学前沿研究和新技术开发项目，建成中国科学院生物安全大科学研究中心。

武汉国家生物安全实验室要掌握和升级生物安全装备核心技术，完成生物安全设备关键材料的国产化，完成全系列生物安全国产化设备的高可靠性控制技术研发，实现设备的国产化以及最高等级生物安全防护实验室的自主设计、制造和建设，制定我国生物安全及生物安全实验室标准，引领"一带一路"沿线国家的相关生物安全能力建设，树立中国标杆。

还要研发烈性病原的核酸和（或）蛋白快速现场检测试剂及现场高通量检测设备，为口岸、医院、疾控中心等单位提供技术支持；储备高致病性病原的抗血清、中和抗体，发展小分子抗病毒药物，研发新型疫苗，用于临床救治或应急防控，提升现场快速诊断和应急反应能力，保障国家生物安全。

② 立足世界的安全卫士

武汉国家生物安全实验室要拓展和提升设施平台功能，凝聚和培养运行维护、技术研发和高水平科学研究队伍，突破受限关键技术，持续提升设施科技支撑能力；开展综合交叉前沿研究和技术创新，在病原科学、生物安全防范等领域实现重大突破；整合优势力量，联合中国疾病预防控制中心、高校和地方优势力量开展协同创新，显著提升我国应对新发和突发传染病的能力；建成国内外重要病毒参考实验室、保藏中心，成为国家级生物安全科学研究中心。

要努力建成病原微生物保藏量全国第一、高致病性病原保藏种类最多、管理体系一流的病原保藏中心；建立和完善一系列高致病性病原的感染动物模型，包括雪貂、蝙蝠、昆虫媒介和非人灵长类等特色感染动物模型；建成高效的病原分离鉴定、疫苗和药物评价平台，成为世界卫生组织和世界粮农组织新发烈性传染病诊断的参考实验室。

③ 科技创新的动源巨擘

武汉国家生物安全实验室要打造集临床、研究与公共服务于一体的装置集群，形成高水平的运行维护、技术研发和科学研究队伍，培养和聚集若干国际水平的战略科学家和技术型领军人物；在若干领域确立国际领先地位，有力提升我国生物安全紧急处置、应急救治和生物安全防范等重要战略支撑能力，成为具有重要影响力的国际生物安全研究区域中心；在非洲、东南亚等热点地域启动以我国为主的高等级生物安全实验室和国际联合研究中心建设，建成国际一流综合科学研究中心。

同时要突破生物安全信息处理的计算效率和处理能力瓶颈，填补我国专业生物安全信息处理领域的空白，建成生物安全专用计算平台和大数据库等我国生物安全大数据研究中心所必需的软硬件设施；建设涵盖病原、宿主、媒介、环境的多源数据采集体系与高效数据集成环境，创建生物安全数据结构标准和生物安全风险因子危害指数标准；在高致病性病原大数据研究的整体效能和知识挖掘领域达到国际先进水平；建立面向国家决策与社会公众的传染病预警指标体系、面向国防与反恐需求的模拟与危害评价体系、面向我国和"一带一路"沿线的生物安全风险评估与信息决策体系。

还要构建集高等级生物安全实验室、生物资源库和大数据中心为一体的世界一流大型科技共享平台，集成和发展生物安全关键技术和装备，催生交叉科学创新平台，为我国生物安全研究提供不可替代的条件保障和系统服务。努力成为高致病性病原和生物防范基础及应用基础研究的创新高地，成为国家生物安全和传染病预防控制科技支撑体系的主力军和智库，成为"一带一路"沿线传染病防控的重要科技支点，成为国际领先的生物安全大科学研究中心和国家实验室。

武汉国家生物安全实验室大事记

2003年7月　武汉市人民政府与中国科学院签署《共建生物安全四级（P4）实验室协议书》，标志着中国第一个P4实验室将在武汉落成。

2003年8月　中国科学院批复项目选址及征地可行性研究报告，同意在武汉市江夏区黄金工业园选址和征地200亩，用于建设P4实验室。

2004年1月　中法两国政府签署《关于开展新发疾病预防研究合作的谅解备忘录》。

2004年10月　中法两国政府签署《关于预防和控制新发传染病的合作协议》，决定在武汉合作建设高等级生物安全实验室。

2005年1月　国家环境保护总局批复项目环境影响评估报告。

2005年4月　国家发展和改革委员会正式批复项目可行性研究报告，标志着项目正式立项。

2005年6月　中国科学院正式批复项目建议书。

2005年10月　国家发展和改革委员会批复项目建设投资概算。

2005年12月　在郑店科研园区举行武汉国家生物安全实验室项目基础设施工程开工仪式。

2006年4月　国家发展和改革委员会将武汉国家生物安全实验室纳入国家高级别生物安全实验室体系建设规划。

2006年10月　中法两国政府签署《关于预防和控制新发传染病的补充协议》，强调了实验室建设、人员培训、法律法规标准建设和科研合作共四个方面的合作。

2007年11月　中法两国政府签署《关于预防和控制新发传染病的合作协议的补充声明》，确定中法抗击新发传染病领导小组的双方主席。

2011年6月　武汉国家生物安全实验室举行奠基仪式，9月15日正式破土动工。

2011年8月　国家发展和改革委员会批复调整项目建设投资概算。

2015年1月　武汉国家生物安全实验室完成物理施工及机电安装工程，举行竣工仪式。

2015—2016年　完成单机及系统联机调试，通过第三方生物安全检测，投入试运行。

2016年6月　中法两国政府在武汉举行武汉国家生物安全实验室的移交仪式，标志着中法两国共建实验室的工作完成。

2017年1月　武汉国家生物安全实验室通过中国合格评定国家认可委员会关于实验室安全管理体系和防护能力的认证认可评审。

2017年8月　国家卫生和计划生育委员会批准武汉国家生物安全实验室从事高致病性病原微生物实验活动资格。

2018年1月　国家卫生和计划生育委员会正式宣布武汉国家生物安全实验室投入运行。

图书在版编目（ＣＩＰ）数据

四级重器 ： 武汉国家生物安全实验室 ： P4 ／ 中国科学院武汉病毒研究所编. -- 杭州 ： 浙江教育出版社，2018.12

（中国大科学装置出版工程）

ISBN 978-7-5536-8380-5

Ⅰ．①四… Ⅱ．①中… Ⅲ．①生物工程－安全技术－实验室－介绍－中国 Ⅳ．①Q81-33

中国版本图书馆CIP数据核字(2018)第299992号

策　　划	周　俊　莫晓虹		
责任编辑	陆音亭　王凤珠	责任校对	谢　瑶
美术编辑	韩　波	责任印务	陆　江

中国大科学装置出版工程

四级重器——武汉国家生物安全实验室(P4)

ZHONGGUO DAKEXUE ZHUANGZHI CHUBAN GONGCHENG

SIJI ZHONGQI——WUHAN GUOJIA SHENGWU ANQUAN SHIYANSHI(P4)

中国科学院武汉病毒研究所　编

出版发行	浙江教育出版社
	（杭州市天目山路40号　邮编：310013）
图文制作	杭州兴邦电子印务有限公司
印　　刷	杭州富春印务有限公司
开　　本	710mm×1000mm　1/16
印　　张	9.25
插　　页	2
字　　数	185 000
版　　次	2018年12月第1版
印　　次	2018年12月第1次印刷
标准书号	ISBN 978-7-5536-8380-5
定　　价	35.00元

网址：www.zjeph.com

如发现印、装质量问题，请与承印厂联系。联系电话：0571-64362059